Die Geschichte und Entwickelung

des

Elektrischen Fernsprechwesens.

Zweite vermehrte und ergänzte Auflage.

Mit 24 in den Text gedruckten Holzschnitten.

1880

Springer-Verlag Berlin Heidelberg GmbH

ISBN 978-3-662-40798-1   ISBN 978-3-662-41282-4 (eBook)
DOI 10.1007/978-3-662-41282-4

Quellenangabe.

Abkürzungen.

Annales télégraphiques	Ann. télégr.
Application de l'Electricité	Appl. de l'Electr.
Archiv für Post und Telegraphie	Arch. f. P. u. Tel.
Bell, Researches in electric telephony	Bell.
Comptes Rendus	Compt. Rend.
Deutsche allgemeine Polytechnische Zeitung	Polyt. Ztg.
Deutsche Reichs-Patentschriften	D. R. P.
Dingler's Polytechnisches Journal	Dingler.
Dolbear, the telephone	Dolbear.
Dove, Repertorium der Physik	Dove's Repert.
Electrician, the	The Electr.
Electricité, la	l'Electr.
Engineer.	
Engineering.	
Fortschritte der Physik	Fortschr. der Physik.
Garner, the telephone and phonograph	Garner.
Helmholtz, die Lehre von den Tonempfindungen	Helmholtz.
Herrmann, L., Telephon und telephonisches Hören	Herrmann.
Hoffmann, das Telephon von Bell	Hoffmann.
Journal of the Telegraph	Journ. of the telegr.
Journal télégraphique	Journ. télégr.
Kuhn, angewandte Elektricitätslehre	Kuhn.
La lumière électrique	Lum. électr.
Monatsberichte der Berliner Akademie	Monatsber. der Akad.
Moncel, du, le Téléphone, Microphone et Phonograph	du Moncel.
Navez, sur la théorie du téléphone	Navez.
Patent gazette of United States	Patent gaz.
Poggendorff's Annalen	Pogg. Ann.
Polytechnical Review	Polyt. Rev.
Prescott, the speaking telephone	Prescott.
Reis, Dr. Ph., das Telephon und sein Anruf-Apparat	Reis.
Sack, die Entwickelung der elektrischen Telephonie	Sack.

Abkürzungen.

Unter elektrischem Fernsprechen versteht man die Uebermittelung von Tönen in die Ferne mittels des elektrischen Stromes in der Weise, dass — bis auf eine gewisse Entfernung — die Töne sowohl, wie die gesprochenen Worte deutlich vernehmbar wiedergegeben werden.

Das elektrische Fernsprechen beruht einmal auf der Thatsache, dass durch das, in Folge des Durchgangs eines elektrischen Stromes durch die Rollenumwindungen stattfindende Magnetisiren und Entmagnetisiren eines in einer Drahtrolle befindlichen Eisenstabes ein, von einem eigenthümlichen Summen begleitetes Schwingen des Eisenstabes entsteht. Dieses Summen wird zu einem andauernden Tone, wenn das Magnetisiren und Entmagnetisiren des Eisenstabes mit grosser Geschwindigkeit geschieht.

Diese Art von Tonerzeugung wird „galvanische Musik" genannt. Zur Erzeugung derselben können sowohl galvanische, als auch Induktionsströme (elektrische bz. magnetische Induktionsströme) verwendet werden.

Ferner beruht das Fernsprechen mit Hülfe des elektrischen Stromes auch auf der Erscheinung, dass ein elastischer Stab oder eine elastische Platte zum Tönen gebracht wird, wenn diese Körper als Anker eines Elektromagnets angeordnet sind, und wenn den Tonschwingungen entsprechende elektrische Ströme durch die Drahtwindungen des Elektromagnets hindurch geführt werden.

In Betreff der Geschichte und Entwickelung des elektrischen Fernsprechens lassen sich vier Zeitabschnitte unterscheiden:

1. Die Entdeckung der galvanischen Musik bis zur Herstellung des ersten Apparates zur Uebermittelung von Tönen in die Ferne von Reis im Jahre 1861;
2. der erste Apparat zur Uebermittelung von Tönen in die Ferne, das Telephon von Reis und die bezüglichen Versuche bis zum Erscheinen der Fernsprecher von Bell und Gray im Jahre 1876;
3. die Fernsprecher von Bell und Gray;
4. die weiteren Forschungen auf dem Gebiete des elektrischen Fernsprechens bis jetzt°).

°) Der gegenwärtige Aufsatz ist Anfangs Juli 1880 abgeschlossen.

1. Die Entdeckung der galvanischen Musik bis zur Herstellung des ersten Apparates zur Uebermittelung von Tönen in die Ferne von Reis im Jahre 1861.

Die ersten Beobachtungen, dass der elektrische Strom einen in einer Drahtrolle befindlichen Eisenstab zum Tönen bringen könne, wurden von dem amerikanischem Physiker Dr. C. G. Page zu Salem im Jahre 1837 gemacht.

Nach „Silliman's Journal" Bd. 32 Seite 396 vom Juli 1837[*]) spricht sich Page hierüber im Wesentlichen wie folgt aus:

Wird eine aus einem langen, besponnenen Kupferdraht bestehende Spirale zwischen den beiden Polen eines Hufeisenmagnets senkrecht und derartig aufgestellt, dass sie diese Pole nicht berührt, so lässt der Magnet einen Ton erklingen, so oft man die Verbindung der Spirale mit den Polen einer galvanischen Batterie herstellt oder unterbricht. Die benutzte Batterie bestand aus einem Zink-Blei-Element mit Kupfervitriollösung; die Pole waren mit Quecksilbernäpfchen verbunden, in welche die Enden der Spirale eintauchten. Der Ton bei dem Schliessen der Batterie war sehr schwach, bei dem Oeffnen dagegen auf 2 bis 3 Fuss vom Instrument hörbar.

Die Versuche konnten auch mit kleinen Magneten angestellt werden. So hatte Page bei dem ersten Versuch ein aus 3 Hufeisenmagneten zusammengesetztes magnetisches Magazin von 10 Pfd. Tragfähigkeit verwendet, bei dem zweiten Versuch ein Magazin von 6 Hufeisenmagneten mit 15 Pfd. Tragkraft, bei dem dritten Versuch einen einzigen Magnet von 2 Pfd. Tragkraft.

Eines zweiten Versuches von Page ist im „Silliman's Journal" Oktober 1837 Bd. 33 S. 118 erwähnt. Hier bestätigte Page das Ergebniss seiner ersten Versuche und fügte die interessante Bemerkung hinzu, dass ein elektromagnetischer Stab[**]) von $4\frac{1}{2}$ Zoll Länge, welcher 4- bis 6000 Schwingungen in der Minute machte und in der Nähe zweier Magnetpole frei beweglich aufgehängt war, durch die schnelle Veränderung des magnetischen Zustandes einen andauernden und viel hörbareren Ton erklingen liess, als bei den ersten Versuchen, wo nur eine einzige Schwingung statthatte.

Diese Versuche von Page sind im Jahre 1838 von Delezennes wiederholt und weitergeführt worden[***]). Delezennes erhielt einen starken und andauernden Ton aus den Schenkeln eines hufeisenförmigen Magnetes in der Weise, dass er den Anker einer Saxton'schen elektromagnetischen Maschine vor dem Magnet rotiren liess. Derselbe Apparat gab einen weniger starken Ton, wenn er statt des galvanischen Stromes Magneto-

---

[*]) Prescott S. 110 und 111.

[**]) Also ein Eisenkern in einer Drahtspirale.

[***]) Dove's Repert. Bd. 6 S. 58. — Pogg. Ann. Bd. 43 S. 411.

Induktionsströme verwendete. Gleichfalls erhielt er einen Ton, wenn ein kurzer Magnetstab zwischen den Schenkeln eines geglühten, weichen Eisenstabes gedreht wurde.

De la Rive*) (1843) machte ähnliche Beobachtungen. Er fand, dass ein Stab oder eine gespannte Saite, wenn unterbrochene (intermittirende) Ströme hindurchgingen, einen Ton erklingen liessen.

De la Rive und Matteucci (1844) stimmten in der Ansicht überein, dass der Ton durch eine Art Verzerrung im Innern des Stabes oder durch eine neue Anordnung der Eisentheilchen entstehe. De la Rive hält die Verzerrungen oder Erzitterungen für transversale, Matteucci für longitudinale Schwingungen.

Gassiot zu London und Marrian zu Birmingham 1844 machten ähnliche Versuche. Hauptsächlich war es Marrian**), welcher zeigte, dass ein in einer Spirale befindlicher Eisenstab zu tönen beginne, sobald durch die Umwindungen ein unterbrochener (intermittirender) Strom geschickt werde; dass dieser Ton abhängig sei von den Abmessungen des Stabes, von der Lage desselben zu der Spirale und von der Stromstärke; dass endlich der Ton gleichartig sei mit dem Ton, welchen man erhält, wenn man gegen den Stab in der Richtung seiner Längsachse schlägt, wogegen ein Schlag von der Seite her nichts Aehnliches bewirkt.

Der Ton, welchen der Eisenstab in Folge des abwechselnden Schliessens und Oeffnens eines um denselben geführten Stromes erklingen lässt, ist somit gleich dem Longitudinaltone, d. i. gleich dem Tone, der durch abwechselnde Verlängerung oder Verkürzung des Eisenstabes entsteht.

Matteucci hat die Versuche von Marrian wiederholt, jedoch über die Natur und den Werth des Tones einige Zweifel behalten.

Wie oben erwähnt, hat de la Rive die Entdeckung gemacht, dass der durch einen Eisenstab gehende, unterbrochene Strom in dem Stabe einen Ton erzeugt. Unabhängig von de la Rive hat Beatson 1845 dieselbe Entdeckung gemacht. Letzterer hat zugleich nachgewiesen, dass die Entladung einer Leydener Flasche durch einen Eisendraht in diesem eine tönende Wirkung hervorbringt, wenn die Entladung zuerst durch einen feuchten Leiter, z. B. durch ein feuchtes Band oder eine thierische Muskel geht.

Einen interessanten Versuch hat Guillemin***) in folgender Weise angestellt. Ein weicher Eisendraht wurde mit einem schraubenförmig gewundenen Draht umgeben, in horizontaler Lage an dem einen Ende befestigt und am anderen Ende mit einem unbedeutenden Gewichte beschwert. In dem Augenblicke, in welchem ein galvanischer Strom durch die Drahtspirale ging, wurde der durch das angehängte Gewicht leicht gekrümmte Eisenstab sichtbar gerade gerichtet.

Wartmann hat noch festgestellt, dass der durch einen Leiter hindurchgehende galvanische Strom einen Ton erzeugen kann, ohne dass

---

*) Pogg. Ann. Bd. 65 S. 637; Bd. 76 S. 270. — Fortschr. d. Physik Bd. 1 S. 144.
**) Pogg. Ann. Bd. 77 S. 44.
***) Pogg. Ann. Bd. 77 S. 45.

4

dem Strome in dem Leiter ein merklicher Widerstand entgegengesetzt wird. Man kann somit den Ton ebenso gut in einem stärkeren Eisenstab hervorbringen, woraus folgt, dass die Wärme bei diesen Erscheinungen nur eine unbedeutende Rolle spielen kann.

Wertheim zu Paris hat im Jahre 1848 die vorerwähnten Versuche einer genauen Untersuchung unterzogen und zunächst die von Marrian gemachte Beobachtung bestätigt gefunden, dass der Ton des Eisenstabes gleich dem Longitudinaltone ist.

Zur Feststellung dieser Thatsache, welche erhebliche Schwierigkeiten bot, haben Joule und Beatson sehr viel beigetragen; namentlich waren es die Untersuchungen Joule's[*]) über den Einfluss der Magnetisirung auf einen Eisenstab, welche Wertheim zur Erlangung eines genauen Ergebnisses führten.

Aus den Untersuchungen Wertheim's lassen sich die nachstehenden Schlussfolgerungen herleiten:

1. die Magnetisirung eines Eisenstabes, welcher nur an einem Ende befestigt ist, bewirkt, wie Joule durch Versuche nachgewiesen hat, eine Verlängerung desselben bis zu einer gewissen Grenze; nach der Entmagnetisirung tritt mehr oder weniger das ursprüngliche Verhältniss wieder ein[**]);
2. die Tonbildung ist die Folge dieser sehr kleinen Verlängerung, d. i. die Folge der magnetischen Einwirkung des elektrischen Stromes auf den Eisenstab;
3. der Ton ist unabhängig von der Geschwindigkeit, mit welcher die Stromunterbrechungen auf einander folgen;
4. die Tonbildung findet nur statt in Drähten und Stäben von Stahl und Eisen, nicht in solchen von Blei, Zink, Zinn, Kupfer, Silber und Platin.

De la Rive hatte zuerst ein anderes Ergebniss gefunden, als das von Wertheim unter 4 angegebene; er stimmte schliesslich jedoch der Ansicht Wertheim's zu, während Poggendorff[***]) im Jahre 1854 ein Verfahren angab, mittels welches nach seiner Meinung alle Metalle zum Tönen gebracht werden könnten. Seine Versuche führten zu folgendem allgemeinen Ergebniss:

Alle Metalle, das Eisen ausgenommen, geben keinen Ton, wenn sie entweder als ganz offene oder als vollkommen geschlossene Röhren die Drahtrolle umgeben. Stossen dagegen die Ränder der Röhren[†]) nur aneinander, so lassen alle Metalle, das Eisen nicht ausgenommen, einen sehr deutlichen Ton vernehmen, welcher an Stärke und Klang verschieden ist nach den Abmessungen der Röhre, nach der Natur und Elasticität ihres

---

[*]) Pogg. Ann. Bd. 77 S. 46.

[**]) Prof. Jos. Henry hatte bereits bei seinen wissenschaftlichen Untersuchungen über Elektricität und Elektromagnetismus von 1828—1831 nachgewiesen, dass in Folge Magnetisirung eines Eisenstabes durch den elektrischen Strom dieser Stab etwas verlängert werde und bei der Stromunterbrechung wieder in seinen ursprünglichen Zustand zurückgehe.

[***]) Pogg. Ann. Bd. 98 S. 193.

[†]) Die Röhren sind der Länge nach aufgeschlitzt.

Materials, nach der Stärke des Stromes und auch nach anderen Umständen. Die letzteren Umstände sollen nach der weiteren Erklärung von Poggendorff hauptsächlich bestehen in der Stellung der Metallröhren zu der Drahtrolle, in der Wirkung des Induktionsstromes, welcher in den Röhren durch den die Rolle durchlaufenden galvanischen Strom erregt wird, und in der Form, in welcher die Röhren zur Verwendung gelangen.

Ausser den genannten Physikern haben noch einige andere sich mit Untersuchungen über die galvanische Musik beschäftigt, jedoch alle Untersuchungen hatten nur den Zweck, das Wesen und die Entstehung des Tones zu ergründen. Keiner hatte daran gedacht oder einen Versuch gemacht, aus dieser Thatsache praktischen Nutzen zu ziehen. Erst im Jahre 1860 findet man den Franzosen Laborde°) mit dem schönen Gedanken beschäftigt, die Töne der Stäbe zu Signalzwecken zu verwenden.

Laborde hat nämlich gezeigt, dass eine horizontal liegende elastische Platte, welche an dem einen Ende befestigt ist und mit dem anderen Ende in ein Quecksilbernäpfchen taucht, beim Unterbrechen eines hindurchgeführten Stromes nicht allein in Schwingungen geräth, sondern auch einen weichen Eisenstab von derselben Tonhöhe in den gleichen Schwingungszustand versetzt, falls der Eisenstab mit seinem freien Ende sehr nahe über den Pol eines durch den vorhin erwähnten Strom erregten Elektromagnets gebracht wird.

Laborde ist es in der That gelungen, durch elektrische Ströme Eisenstäbe in Schwingungen von bestimmter Dauer zu versetzen und dadurch die ersten sechs Töne der Tonleiter in die Ferne zu übermitteln.

Ch. Bourseilles (einige schreiben Bourseulles) hat ebenfalls einen Apparat zur Uebermittelung von Tönen in die Ferne angegeben; über die Einrichtung seines Apparats ist jedoch nichts bekannt geworden. Du Moncel behauptet, dass Bourseilles die Art und Weise der elektrischen Tonübermittelung klar erfasst und diese ihm im Jahre 1854 mitgetheilt habe. Zu jener Zeit habe Bourseilles, Sousinspecteur des lignes télégraphiques zu Auch, geschrieben°°):

„Ich fragte mich z. B., warum nicht die Worte selbst mittels der Elektricität übermittelt werden können; mit anderen Worten, warum nicht Jemand in Wien spricht und in Paris gehört wird. Die Sache ist ausführbar; hören Sie:

Stellen Sie Sich vor, dass Jemand gegen eine so empfindliche Platte spreche, dass keine der durch die Stimme erzeugten Schwingungen verloren gehe; dass diese Platte abwechselnd den Stromkreis einer galvanischen Batterie schliesse und öffne; dass endlich eine zweite Platte in einer gewissen Entfernung vorhanden sei, welche zu derselben Zeit dieselben Schwingungen mache, als die erste Platte.

Es ist einleuchtend, dass unzählbare Anwendungen von hoher Wichtigkeit aus der elektrischen Sprachübermittelung entstehen werden. Jeder,

---

°) Kuhn S. 1017. — Sack S. 6.
°°) Appl. de l'Electr. 1877 Vol. III. S. 110. — Compt. Rend. Bd. 85 S. 1025. — Sack S. 6. — Prescott S. 147.

welcher weder taub noch stumm ist, könnte von dieser Uebermittelungs-
weise Gebrauch machen, welche nur erfordert — eine galvanische Batterie,
zwei schwingende Platten und einen metallischen Verbindungsdraht. Sicher
ist, dass in kürzerer oder längerer Zeit die Sprache elektrisch in die Ferne
übermittelt wird. Mit Versuchen habe ich begonnen; sie sind zarter Natur
und erfordern Zeit und Geduld; aber die bereits erzielten Schritte ver-
sprechen günstigen Erfolg."

Wenngleich Bourseilles in der That die elektrische Uebermittelung
der Sprache durch das eben entworfene Bild vorgezeichnet hat, so ist er
trotzdem zu keinem befriedigenden Ergebniss gelangt. Die Vorbereitung
zur Lösung dieser hochwichtigen Aufgabe blieb vielmehr einem Deutschen,
dem Naturforscher und Lehrer Philipp Reis zu Friedrichsdorf bei Hom-
burg v. d. Höhe überlassen.

---

2. Der erste Apparat zur Uebermittelung von Tönen in die Ferne, das Telephon von Reis und die bezüglichen Versuche bis zum Erscheinen der Fernsprecher von Bell und Gray im Jahre 1876.

Ph. Reis war der erste, welcher den Gedanken, die Tonsprache auf
elektrischem Wege direkt in die Ferne mitzutheilen, in Wirklichkeit durch-
führte. Bei seinen Versuchen fand er die von Wertheim im Jahre 1848
gemachten Beobachtungen bestätigt (vergl. S. 4), dass durch sehr rasche
Stromunterbrechungen ein in einer Drahtrolle befindlicher, dünner Eisenkern in longitudinale Schwingungen versetzt und dadurch befähigt wird,
verschieden hohe Töne wiederzugeben; dass ferner die Stärke und der
Klang des Tones unter Anderem von der Stromstärke und der Anzahl
der Stromunterbrechungen abhängig sind.

In einem am 26. Oktober 1861 im physikalischen Verein zu Frankfurt a. M. gehaltenen Vortrage erläuterte Reis die Möglichkeit einer elektrischen Tonübermittelung. In dieser Erläuterung sagt Reis[*]):

„An eine Reproduktion der Töne in gewissen Entfernungen durch
Hülfe des galvanischen Stromes hat man vielleicht gedacht; aber an der
praktischen Lösung dieses Problems haben jedenfalls gerade diejenigen
am meisten gezweifelt, welche durch ihre Kenntnisse und Hülfsmittel
befähigt gewesen wären, die Aufgabe anzugreifen. Dem mit den Lehren
der Physik nur oberflächlich Bekannten scheint die Aufgabe weniger
Schwierigkeiten zu bieten, als sie in der That hat. So hatte auch ich vor
9 Jahren[**]) die Kühnheit, die erwähnte Aufgabe lösen zu wollen; jedoch
der erste Versuch überzeugte mich von der Unmöglichkeit der Lösung.

Mein erster Versuch war, wie ich später einsah, ein sehr roher und
daher keineswegs überzeugender gewesen, da ich zur Lösung der Auf-

---

[*]) Schenk S. 10.
[**]) Also 1852.

gabe ausser einer grossen Begeisterung für das Neue nur unzureichende Kenntnisse in der Physik besass; ich griff daher in der Folge die Frage nicht wieder ernstlich auf. Jugendeindrücke sind aber stark und nicht leicht zu verwischen. Durch meinen physikalischen Unterricht dazu veranlasst, nahm ich im Jahre 1860 eine schon früher begonnene Arbeit über die Gehörwerkzeuge wieder auf und hatte bald die Freude, meine Mühen durch Erfolg belohnt zu sehen. Ich kam nämlich durch einen Einfall auf die Frage: Wie nimmt unser Ohr die Gesammtschwingungen aller zugleich thätigen Sprachorgane wahr; d. h. wie nehmen wir die Schwingungen mehrerer, zugleich tönender Körper wahr?

Die Beantwortung dieser Frage führte mich dahin, dass, sobald es möglich wäre, irgend wo und auf irgend eine Weise Schwingungen zu erzeugen, deren Curven denjenigen eines bestimmten Tones oder einer bestimmten Tonverbindung gleich wären, wir denselben Eindruck haben würden, den der Ton oder die Tonverbindung auf uns gemacht hätte.

Fussend auf obigen Principien ist mir nun die Konstruktion eines Apparates gelungen, mit welchem ich im Stande bin, Töne verschiedener Instrumente, ja bis zu einem gewissen Grade die menschliche Stimme selbst zu reproduciren.

Der von mir konstruirte Apparat, „Telephon" genannt, bietet die Möglichkeit, die Tonschwingungen in jeder gewünschten Weise zu erzeugen; der Elektromagnetismus bietet die Möglichkeit, den erzeugten Schwingungen gleiche Schwingungen in jeder beliebigen Entfernung in's Leben zu rufen und in dieser Weise die an einem Ort erzeugten Töne an einem anderen Orte wiederzugeben."

Mit Rücksicht darauf, dass Reis durch das Studium über das Ohr und das Hören auf seinen Apparat zur Uebermittelung von Tönen in die Ferne mit Hülfe elektrischer Ströme geführt wurde, erschien es selbstverständlich, dass letzterer dem Gehörorganismus nachgebildet wurde. Die beiden ersten Apparate sind von Reis selbst gefertigt; sie sind von Blech. Der erste Apparat bestand aus einer Schallröhre mit einer der Ohrmuschel entsprechenden Erweiterung; der zweite Apparat hatte schon mehr Aehnlichkeit mit der Stellung der Gehörmuschel, mit dem Gehörgang und dem Trommelfell; auch befand sich an demselben bereits ein stromunterbrechendes Platinplättchen. Der endlich zum Versuch im physikalischen Verein benutzte Apparat bestand aus dem Tongeber und dem Empfänger und hatte die folgende Form[*]).

Der Tongeber (Figur 1) besteht aus einer konischen Röhre $a\,b$ von etwa 15 cm Länge, 10 cm oberer und 4 cm unterer Weite. Die engere Oeffnung ist durch eine Membran o von Collodium verschlossen. Auf der Mitte dieser Membran ruht das eine Ende c eines möglichst leichten Hebels $c\,d$, dessen Achspunkt an dem Bügel e der Röhre befestigt und dadurch mit der Leitung verbunden ist; das andere Ende d liegt gegen die Feder g, welche an dem mit der Batterie verbundenen Ständer f

---

[*]) Ztschr. des Dtsch.-Oestr. Tel. Ver. 1862 S. 125. — Kuhn S. 1018. — Dingler Bd. 169 S. 23.

befestigt ist. Die Schraube h dient zur Regulirung des Kontaktes zwischen d und g, die Feder n zur Regulirung des Druckes zwischen c und o.

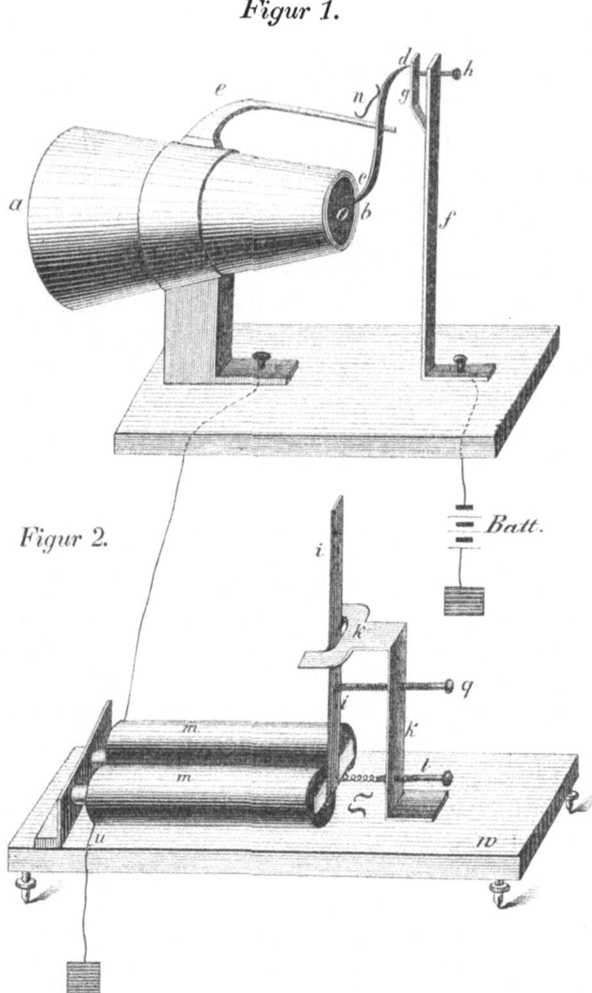

Der Empfänger (Figur 2) besteht aus einem hufeisenförmigen Elektromagnet $m\,m$, welcher auf dem Resonanzboden $u\,w$ ruht. Die Enden der Umwindungen stehen einerseits mit der Leitung und dadurch mit dem Tongeber, andererseits mit der Erde in Verbindung. Der Anker ist ein leichtes, rundes Eisenstäbchen, welches an dem leichten Hebel i befestigt ist. Letzterer ist an dem Träger k pendelartig befestigt; seine Bewegungen werden durch die Schraube q und die Feder l geregelt.

Der Stromlauf ergiebt sich aus den Figuren 1 und 2 von selbst.

Wird nun in die Röhre $a\,b$ hineingesprochen, gesungen, oder werden in dieselbe musikalische Töne irgend eines Instrumentes hineingeleitet, so wird in Folge der Verdichtung und Verdünnung der eingeschlossenen Luftsäule eine diesen Aenderungen entsprechende Bewegung der Membran o hervorgerufen. Der Hebel $c\,d$ folgt den Bewegungen der Membran und öffnet oder schliesst den Stromkreis, je nachdem ein Verdichten oder Verdünnen der eingeschlossenen Luft stattfindet. In Folge dieses abwechselnden Oeffnens und Schliessens des Stromkreises wird der Elektromagnet $m\,m$ entsprechend entmagnetisirt oder magnetisirt, und dadurch der leichte Anker in gleiche Schwingungen versetzt, wie die Membran o des Tongebers. Der Hebel i überträgt nun die gleichen Schwingungen auf die umgebende Luft, wodurch die so erzeugten Töne, unter verstärkender Wirkung des Resonanzbodens, dem Ohre des Zuhörers zugeführt werden.

Was die Leistung dieses Apparates anbetrifft, so konnten Melodien, Akkorde u. s. w. deutlich wiedergegeben werden, während einzelne Worte beim Vorlesen oder Sprechen nur undeutlich vernommen wurden. Reis blieb jedoch bei diesem Apparat nicht stehen, er strebte nach Vervollkommnungen und konstruirte zuletzt den nachfolgenden Apparat.

Figur 3.　　　　　　　　　　　　　　*Figur 4.*

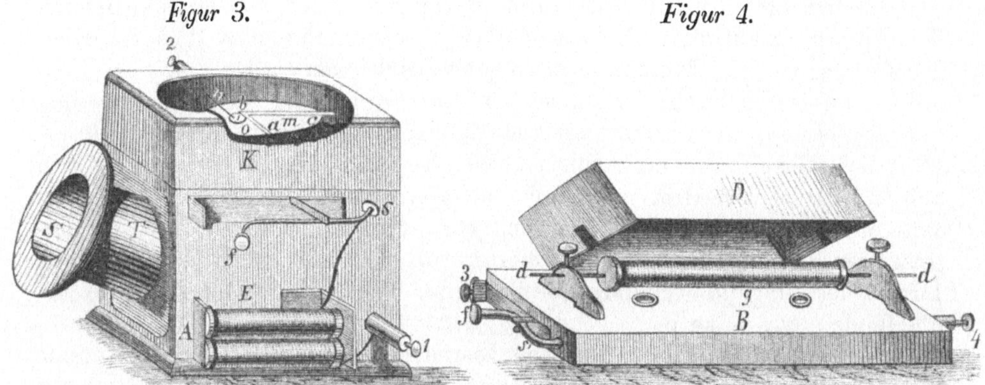

Der Tongeber (Figur 3)*) ist ein hölzerner Hohlwürfel K mit einer kreisförmigen Oeffnung, welche durch eine darüber gespannte Membran m von Schweinsdünndarm geschlossen ist. Auf der Membran m befindet sich ein Platinplättchen o, welches durch ein ganz dünnes Kupferstreifchen n mit der Klemmschraube 2 und dadurch mit der Batterie verbunden ist. Auf dem Platinplättchen o ruht ein Platinstiftchen mit seinem leichten Hebel $a\,b\,c$. Der Arm $a\,b$ liegt bei a auf einem Stiftchen oder Säulchen auf, welches zu der Achse der Taste fs führt. Letztere dient dazu, den Arm $a\,b$ nach Belieben entweder an den Elektromagnet E oder unmittelbar an die mit der Leitung verbundene Klemmschraube 1 zu legen. Zum bequemen Hineinsprechen oder Hineinsingen ist an dem Hohlwürfel K ein Schallrohr T mit dem Mundstück S angebracht.

Der Empfänger (Figur 4) besteht aus einer Drahtrolle g mit dem weichen Eisenkern $d\,d$ von der Dicke einer Stricknadel, welcher so weit aus der Rolle hervorragt, dass er mittels zweier Stege auf einem Resonanzboden B bequem befestigt werden kann. Ein zweiter, als Deckel dienender Resonanzboden D ist zur Verstärkung der erzeugten Töne bestimmt. Die Klemmschrauben 3 und 4 nehmen die beiden Enden der Rollenwindung auf; 3 ist mit der Leitung und dadurch mit 1 des Gebers, 4 mit der Erde verbunden.

Die Tasten fs und $f's'$ und der Elektromagnet E haben den Zweck, vor Beginn des Versuches die erforderlichen Anrufzeichen geben zu können.

Im Zustande der Ruhe fliesst in der Leitung, wie bei dem ersten Apparat, dauernd ein galvanischer Strom.

Singt man nun durch das Schallrohr in den Hohlwürfel hinein, so geräth die eingeschlossene Luft in Schwingungen, an welchen, wie be-

---

*) In Figur 3 ist an der oberen Kante ein Theil entfernt, um die Kontaktvorrichtung mit der Membran besser zu zeigen. — Sack S. 9.

reits vorhin besprochen, die Membran m Theil nimmt. Der Zahl der Membranschwingungen entspricht eine gleiche Zahl Stromunterbrechungen, wodurch eine gleiche Anzahl Schwingungen des Eisenkernes des Empfängers erzeugt wird. Auf diese Weise werden die Töne deutlich, wenn auch etwas unangenehm klingend, wiedergegeben.

De Parville[*]) theilt über einen in den Räumen des physikalischen Vereins zu Frankfurt a. M. angestellten Versuch mit, dass Reis in einer Entfernung von 100 Metern in einem gut verschlossenen Hause seinen Tongeber aufgestellt hatte, während der Empfänger sich in dem Vereinszimmer befand. Auf das gegebene Zeichen wurde um Ruhe gebeten. Plötzlich hörte man eine Stimme, welche von der Decke zu kommen schien. Dann vernahm man während mehrerer Minuten ein Lied, das von einem Künstler auf Veranlassung von Reis in den Hohlwürfel hineingesungen und durch den zum Zuhörerraum führenden, 100 Meter langen Draht dort singend wiedergegeben wurde. Die Wirkung soll eine ergreifende gewesen sein.

Reis gelang es, nicht nur durch Instrumente erzeugte oder gesungene Töne, sondern auch gesprochene Worte wiederzugeben; indessen klangen die musikalischen Töne unangenehm und zu gleichförmig, während die gesprochenen Worte, wie bei dem ersten Apparat, nur unvollkommen ankamen.

Weitere Versuche ergaben, dass der Empfänger im Stande war, vollständige Dreiklänge eines Klaviers, auf welchem der Apparat stand, wiederzugeben, dass derselbe ferner ebenso die Töne anderer Instrumente, wie Harmonika, Klarinette, Horn, Orgelpfeife u. s. w. wiedergab, vorausgesetzt, dass die Töne einer gewissen Lage, ungefähr von F bis $\overline{\overline{f}}$, angehörten.

Kuhn[**]) hat mit einem Reis'schen Apparat der letzten Konstruktion Versuche angestellt, welche dargethan haben, dass jede Melodie, von C anfangend und im Mittel den ganzen Umfang einer Männerstimme umfassend, wiedergegeben werden konnte. Der Klang oder die Beschaffenheit der wiedergegebenen Töne war nicht angenehm; dieselben glichen etwa denen der Kindertrompeten, zuweilen dem Summen einer in ein Spinngewebe gerathenen Fliege. Jedenfalls, bemerkt Kuhn weiter, sind die Versuche interessant genug, um die Aufmerksamkeit auf dieselben zu lenken.

Die Versuche zur Uebermittelung von Tönen in die Ferne scheint Reis mit seinem letzten Apparat abgeschlossen zu haben. Der Apparat erregte zwar Aufsehen und Bewunderung, fand jedoch bei den Gelehrten nicht denjenigen Anklang, den er wohl verdient hätte.

Ferner hat Dr. Th. Clemens, Arzt in Frankfurt a. M., Beobachtungen über die Schallfortleitung in einem Telegraphendraht angestellt und diese in der Zeitschrift „Deutsche Klinik" 1863 S. 468 veröffentlicht.

Clemens benutzt zur Uebermittelung der Töne Magnet-Induktionsströme; sein Apparat ist somit dem jetzt gebräuchlichen noch um einen

---

[*]) Ann. télégr. 1876 S. 613. — Sack S. 10.
[**]) Kuhn S. 1021.

Schritt näher. Aufmunternde Ergebnisse scheint Clemens wohl nicht erzielt zu haben, da jede weitere Mittheilung über Fortsetzung der Versuche fehlt.

Auch die Kuhn'sche Aufforderung scheint in Deutschland die Aufmerksamkeit auf den Reis'schen Apparat nicht genügend gelenkt zu haben, um zu weiteren Versuchen zu ermuntern. Reis und sein Apparat, das Telephon, desgleichen die Beobachtungen des Dr. Clemens, fielen in Deutschland der Vergessenheit anheim.

Im Jahre 1865 hielt Yeates in der Philosophical Society in Dublin einen Vortrag über den Reis'schen Fernsprecher und stellte mit demselben einen Versuch an in der Weise, dass er zwischen die Kontakte an der Membran einen Wassertropfen brachte, um die Ströme den verschiedenen Tonschwingungen besser anzupassen.

Im Jahre 1868 stellte der Amerikaner van der Weyde zwei Reis'sche Telephone im Polytechnical Club des American Institute[*]) aus. Die wiedergegebenen Töne waren zwar sehr deutlich und genau, hatten jedoch einen eigenthümlichen und näselnden Klang.

Van der Weyde hat unter Vornahme kleiner Abänderungen an dem ursprünglichen Apparate seine Versuche bis 1870 fortgesetzt, ohne jedoch zu einem einigermaassen günstigen Ergebnisse zu gelangen.

Durch die im Jahre 1876 von Amerika gekommenen günstigen Berichte über das elektrische Fernsprechen wurde der Reis'sche Apparat noch einmal ans Tageslicht gebracht. Cecil und Leonard Wray junior in London haben am 18. December 1876 in der Conversazione der Society of Telegraph Engineers ein verbessertes Reis'sches Telephon ausgestellt[**]).

Als wesentliche Verbesserung muss hervorgehoben werden, dass der Hohlwürfel oder hölzerne Kasten oben dachförmig abgeschlossen ist, und dass statt einer Membran deren zwei, eine innere und eine äussere, verwendet worden sind. Die innere Membran soll die äussere Membran vor der Wirkung des Athems und vor anderen störenden Einflüssen schützen und zur Erweiterung der Schwingungen beitragen.

Gleichzeitig mit van der Weyde hat der englische Physiker Cromwell F. Varley Untersuchungen über die elektrische Uebermittelung von Tönen in die Ferne angestellt und in seinem Patent vom Jahre 1870, sowie durch Versuche nachgewiesen, dass unter Anwendung von Stimmgabeln dieselbe sich zu telegraphischen Zwecken verwenden lasse. Er ist somit als der Vater der Stimmgabel-Telegraphie zu betrachten, welche später von Paul la Cour in Kopenhagen, Elisha Gray in Chicago und auch von A. Edison in Menlo Park weiter ausgebildet wurde[***]).

Varley hat, wie wir später sehen werden, auch einen Apparat, welcher jedoch nur musikalische Töne wiedergab, konstruirt und denselben 1877 in London ausgestellt.

---

[*]) Scient. Amer. 1876 S. 60. — Telegr. Journ. 1876 S. 148. — Sack S. 11.
[**]) Telegr. Journ. 1877 S. 38. — Sack, S. 11 und 35.
[***]) Ann. télégr. 1877 S. 515. — Prescott S. 218.

Hiermit fanden die durch Reis und seinen Apparat veranlassten Untersuchungen in Betreff der Uebermittelung von Tönen in die Ferne mit Hülfe des elektrischen Stromes ihren vorläufigen Abschluss; es kann somit zu dem dritten Theil der Abhandlung: „die Fernsprecher von Bell und Gray" übergegangen werden, mit deren Einführung ein neuer Zeitabschnitt für das Fernsprechwesen beginnt.

---

3. Die Fernsprecher von Bell und Gray.

Wenngleich weitere Versuche mit dem Telephon von Ph. Reis nicht angestellt worden sind, so hat dasselbe doch den späteren Untersuchungen über die elektrische Uebermittelung von Tönen zur Grundlage gedient. Während Reis und van der Weyde mit ihren Apparaten den Zweck verfolgten, in die Ferne mit Hülfe der Elektrizität sprechen zu können, gingen die Bestrebungen von Graham Bell in Boston und Elisha Gray in Chicago, welche die von van der Weyde gegebene Anregung nicht unbeachtet gelassen hatten, in erster Linie dahin, mittels der Tonübermittelung in die Ferne eine vielfache Telegraphie, d. i. die gleichzeitige Beförderung mehrerer Telegramme auf einem und demselben Draht zu ermöglichen. Die Untersuchungen wurden mit einer seltenen Ausdauer fortgesetzt, um endlich mit einem Erfolg gekrönt zu werden, welcher die ganze Welt in gerechtes Erstaunen versetzte. Namentlich war es der Bell'sche Fernsprecher, an dessen wunderbare, so zu sagen geisterhafte Leistungen nicht früher geglaubt wurde, bis man dieselben geprüft und gehört hatte.

Wie die elektrische Telegraphie von den unternehmenden Amerikanern auf die in Deutschland festgestellten Vorgänge schnell und mit Erfolg ausgebaut wurde, so wurde auch der schöne Gedanke von Reis durch amerikanischen Erfindungs- und Unternehmungsgeist so weit vervollkommnet, dass das elektrische Fernsprechen, wenn auch noch nicht in so ausgedehnter Weise wie die elektrische Telegraphie, doch in vielen Beziehungen bereits gute Dienste geleistet hat und voraussichtlich noch bessere Dienste leisten wird.

Bell hat in einem Vortrage[*]) — „Untersuchungen über das elektrische Fernsprechen" — den er in der Society of Telegraph Engineers am 31. October 1877 gehalten hat, den geschichtlichen Vorgang bis zu dem im Mai des Jahres 1877 vollendeten Apparat veröffentlicht. Ausgehend von den wichtigen Untersuchungen des Professors Helmholtz über das Wesen der Tonfarben[**]), gelangte Bell zu dem Schluss, dass die volle Wiedergabe eines Tones in Höhe, Fülle und Klangfarbe nur dadurch erzielt werden könnte, dass die Stärke des Stromes proportional der Be-

---

[*]) Im Druck erschienen London Spon, Charing Cross 46. — Prescott S. 50.
[**]) Helmholtz, 1863.

wegung eines Luftpartikelchens für die Dauer der Erzeugung eines Tones gemacht würde.

Die in dieser Weise erzeugten Ströme nannte Bell „undulatorische" Ströme im Gegensatz zu den „pulsatorischen" und „intermittirenden" Strömen. Unter den ersteren Strömen versteht man solche Ströme, welche aus einer mit grosser Schnelligkeit sich vollziehenden Veränderung der Stärke eines dauernd vorhandenen galvanischen Stromes entstehen; unter pulsatorischen und intermittirenden oder unterbrochenen Strömen versteht man dagegen solche Ströme, welche entstehen, wenn der Stromkreis einer galvanischen Batterie abwechselnd geschlossen und geöffnet wird.

Bevor auf den geschichtlichen Vorgang bis zur Herstellung des gegenwärtigen Bell'schen Fernsprechers näher eingegangen wird, mögen hier einige Worte über die undulatorischen Ströme Platz finden.

Die Stärke des Stromes muss, falls mit Hülfe desselben ein Ton in Höhe, Fülle und Klangfarbe genau wiedergegeben werden soll, sich nach der Anzahl und Weite der Schwingungen richten, weil die Anzahl der Schwingungen die Höhe, deren Weite die Fülle und Klangfarbe des Tones bedingt; mit anderen Worten: die Zeitdauer zwischen dem Eintritt der jedesmaligen grössten und geringsten Stärke des Stromes muss der, der Höhe des betreffenden Tones eigenthümlichen Anzahl der Schwingungen in einer bestimmten Zeit entsprechen, während die Stärke des Stromes mit der Weite der Schwingungen zu- und abnehmen muss.

Bei dem Tongeber von Reis war die Einrichtung zur Stromerzeugung durch einen die Membran in Schwingungen versetzenden Ton insofern mangelhaft, als die Batterie nur bei einer gewissen Schwingungsweite regelmässig arbeitete. Sobald die Schwingungen diese Weite verloren, trat ein unregelmässiges Arbeiten, sogar ein Versagen der Batterie ein. Die Folgen waren, wie Seite 9 und 10 erwähnt, Undeutlichkeit und zeitweiliges Verschwinden der Töne.

Zur Beseitigung dieses Uebelstandes kamen Bell und, wie wir später sehen werden, auch Gray zunächst auf den Gedanken, die Batterie durch die Tonschwingungen nicht mehr zu unterbrechen, sondern deren Stromstärke je nach dem Ton mehr oder weniger zu ändern. Letzteres kann entweder durch Aenderung der elektromotorischen Kraft der Batterie, oder durch Aenderung des Leitungs-Widerstandes, oder durch gleichzeitige Aenderung beider Faktoren geschehen.

Die auf diese Weise entstehenden, allmälig sich ändernden, bald stärkeren, bald schwächeren Ströme hat Bell undulatorische Ströme genannt zum Unterschied von den pulsatorischen Strömen (vergl. oben), welche sich plötzlich, also sprungweise ändern.

Aus der weiteren Prüfung der Bell'schen Untersuchungen ergiebt sich Folgendes:

Bell begann anscheinend seine ersten Versuche bezw. Untersuchungen im Jahre 1872, wo er als Taubstummenlehrer in Boston beschäftigt war; sie wurden durch den Wunsch veranlasst, einen Apparat herzustellen, mittels dessen er seinen taubstummen Zöglingen die Schwingungen der

14

Luft sichtbar machen und ihnen dann die Lautbildung lehren konnte. Merkwürdig ist die Thatsache, dass Bell zwar sechszehn Jahre später, jedoch in derselben Weise wie Reis, durch Studien über das Ohr und das Hören zu seinem Fernsprechapparat geführt wurde; dass Page in Salem 1837 die galvanische Musik erfand, und Bell in Boston, nur neunundzwanzig Kilometer von Salem, 1876 den Fernsprecher der Welt als ein vollendetes und praktisch brauchbares Instrument vorführte.

Bell stellte den ersten Apparat im November 1873 her; derselbe bestand aus zwei abgestimmten Unterbrechungsfedern als Gebe-Apparat und zwei, diesen entsprechend abgestimmten Empfangsfedern. Dieser Apparat sollte zur Vervollkommnung der elektrischen Telegraphie dienen und die gleichzeitige Uebermittelung zweier Telegramme auf einem und demselben Draht ermöglichen. Ein anderer, demselben Zweck dienender Apparat bildete eine Art Harfe, aus kurzen, dünnen Magnetstäbchen zusammengesetzt. Diese hatten etwa die Form der Federn in Spieldosen. Diese Federn waren vor einer Reihe von Elektromagneten, welche mittels eines Drahtes unter einander verbunden waren, so angeordnet, dass die freien Enden derselben vor den Polen der genannten Magnete schwingen konnten. Wurde nun ein Stab durch einen Ton in Schwingungen versetzt, so entstanden abwechselnd Annäherungen und Entfernungen zu bz. von dem Pol des betreffenden Elektromagneten. Dadurch wurden in den Elektromagnetrollen Magnet-Induktionsströme erzeugt, deren Stärke von der Kraft, welche den Stab in Schwingungen versetzte, d. i. von der Grösse der Annäherung des betreffenden Stabes an den Elektromagnetpol, mit anderen Worten: von der Grösse der Schwingungen des Stäbchens abhängig war. Diese Ströme erzeugten Aenderungen in dem magnetischen Zustand der Empfangs-Elektromagnete, deren Stäbchen dadurch mehr oder weniger angezogen, also in Schwingungen versetzt wurden. Es geriethen aber nur die Stäbchen in Thätigkeit, welche mit den angeschlagenen Stäbchen des gebenden Apparats gleichen Ton, mithin gleiche Schwingungszahl hatten. Nach der eigenen Angabe von Bell ist dieses Instrument jedoch nur ein Entwurf gewesen und wegen der bedeutenden Anschaffungskosten niemals zur Ausführung gelangt.

Bell setzte seine Versuche mit der Vielfach-Telegraphie während der Jahre 1874 und 1875 fort, ohne jedoch irgend ein für die Praxis brauchbares Ergebniss zu erzielen. Schliesslich wandte er seine Aufmerksamkeit der elektrischen Sprache-Uebermittelung zu und konstruirte Anfangs 1876 (wahrscheinlich unter Mitwirkung des Ohrenarztes Dr. Blake) seinen ersten Fernsprecher.

Vor dem Pole eines Elektromagnets war eine Feder derartig angebracht, dass sie mit dem einen Ende frei schwingen konnte. Auf diesem freien Ende sass ein kleines Stiftchen, welches gegen die, einen Schallbecher abschliessende Membran von Goldschlägerblättchen anlag. Zwei solche Elektromagnete waren durch eine Leitung und eine Batterie verbunden*). Wurde nun durch Hineinsprechen in den Schalltrichter eines

---

*) Dieses Instrument hat sich Bell am 14. Februar 1876 patentiren lassen.

der Apparate die betreffende Feder in Schwingungen versetzt, so wurden durch das Annähern derselben an den Pol des Elektromagnets bz. durch Entfernung der Feder von dem Magnetpol in derselben Weise, wie vorhin erwähnt, Magnet-Induktionsströme und dadurch Aenderungen in der Stärke des die Leitung durchlaufenden Stromes erzeugt. Es entstanden also undulatorische Ströme, welche je nach der Grösse der Aenderung in der Ursprungs-Stromstärke eine entsprechende Aenderung in der Stärke des Magnetismus des Elektromagnets des zweiten Apparats herbeiführten. In Folge dessen wurde die Feder dieses Apparats bald stärker, bald schwächer angezogen; sie gerieth demnach, falls sie mit der ersten abgestimmt war, in ebenso viel Schwingungen als die erste Feder, gab somit denselben Ton.

Mit diesem Instrument erzielte Bell ein sehr unzureichendes und entmuthigendes Ergebniss; dagegen vermeinte sein Assistent Thomas A. Watson einen schwachen Ton gehört zu haben. Nach vielen Versuchen wurde der Fernsprecher in der Weise abgeändert (Figur 5), dass ein möglichst kleines und leichtes Stück einer dünnen Uhrfeder von 1 cm Durchmesser auf der Mitte einer sauber gestreckten Membran von Goldschläger-Blättchen befestigt wurde, welche die eine Oeffnung eines Schalltrichters von 15 cm Durchmesser abschloss. Die Membran war an dem Schalltrichter durch einen Messingring mit

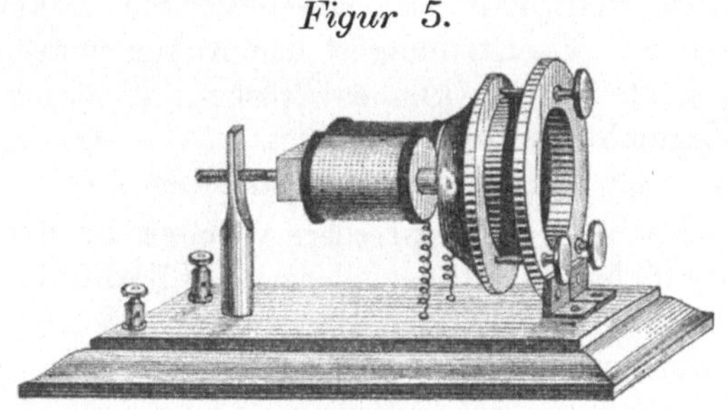

Figur 5.

zwei Schrauben befestigt; letztere dienten dazu, die Membran ähnlich wie das Fell einer Trommel, straff zu erhalten. Die ganze Vorrichtung wurde an dem durch die Membran geschlossenen Ende derartig mit einem Elektromagnet verbunden, dass das Federstückchen dicht vor den Polen des Magnets sich befand. Der Elektromagnet selbst war an einem Säulchen etwa 50 mm über einem Mahagonibrettchen befestigt.

Bell giebt über einen mit diesem Apparat angestellten Versuch die folgende Mittheilung°), welche des geschichtlichen Interesses halber hier wiedergegeben werden soll:

„Zwei einfache Elektromagnete, mit je einem Widerstand von 10 Ohms ($= 10{,}34$ S. E.)°°) waren durch einen Draht von 25 Ohms ($25{,}85$ S. E.) und durch eine Batterie von 5 Kohlenelementen geschlossen. Die Elektromagnete waren (in der vorerwähnten Weise) mit je einem Schalltrichter und einer Goldschlägerblättchen-Membran versehen, und die so konstruirten Fernsprech-Apparate in verschiedenen Räumen aufgestellt worden. Die in den einen hineingesungenen Töne wurden nun von dem anderen deutlich wiedergegeben. Dann nahm ich (Bell) den Fernsprecher

---

°) Prescott S. 257.
°°) Nach Dr. Fröhlich: 1 Ohm $= 1{,}034$ S. E.

vor den Mund und sprach: Verstehen Sie, was ich sage? Unverzüglich erhielt ich zur Antwort: Ja, ich verstehe Sie vollkommen."

Die mit diesem Apparat erzielten Ergebnisse waren trotzdem nicht ganz zufriedenstellend. Zwar konnten die übermittelten Worte verstanden werden; jedoch war die Artikulation undeutlich und etwas verschwommen, in Folge dessen eine andere Unterhaltung als durch gewöhnliche Redewendungen nicht zu ermöglichen.

Dieser Versuch hatte indessen Bell gezeigt, dass er nur dann zu einem guten Ergebniss gelangen könnte, wenn er zur Erzeugung der undulatorischeu Ströme und zu deren Umsetzung in Tonwellen geeignetere Apparate herstellte.

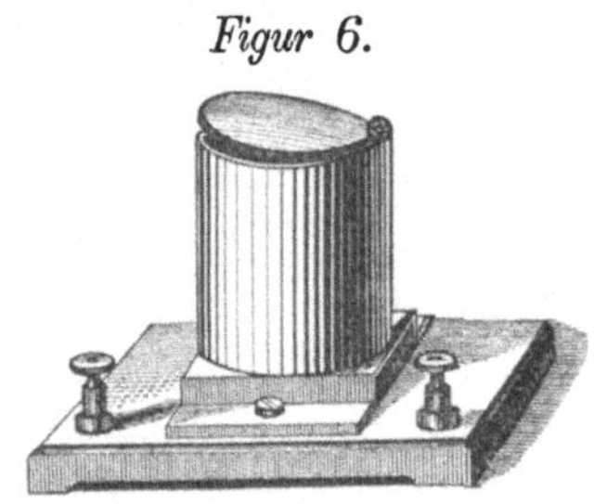

Figur 6.

Nach kurzer Zeit konstruirte er einen Empfänger (Figur 6), welcher aus einem von Niclès im Jahre 1852 erfundenen Röhren-Elektromagnet bestand; derselbe war mit einer runden, ganz dünnen und frei schwingenden Membran von Eisenblech als Anker versehen. Elektromagnet und Anker waren mit Hülfe einer kleinen Brücke auf einem Mahagonibrettchen befestigt. Als Geber wurde der vorerwähnte Apparat benutzt.

In dieser Anordnung hat Bell seinen Fernsprecher, welcher in den Figuren 5 und 6 dargestellt ist, auf der Weltausstellung in Philadelphia ausgestellt, wo er von dem berühmten englischen Physiker Sir William Thomson einer eingehenden Untersuchung unterzogen wurde.

Die von dem in Figur 6 vorgeführten Empfänger wiedergegebenen Worte waren deutlich; indessen war es als ein Uebelstand zu verzeichnen, dass nur in einer Richtung gesprochen werden konnte, und dass, um sowohl sprechen als auch hören zu können, zwei Apparate erforderlich waren.

Die weiteren Versuche ergaben, dass der Ton bei entsprechender Verkleinerung der Elektromagnetrollen lauter wurde; dass die Batterie fortgelassen und der Elektromagnet ohne merkbare Beeinträchtigung der Stärke des übermittelten Tones durch einen Magnetstab ersetzt werden konnte, und dass es endlich vortheilhafter war, die Membran aus dünnem Eisenblech herzustellen.

Bell ging daher, wie bei seinem Harfen-Apparat, wieder auf die Magnetstäbe zurück, konstruirte zunächst ein Instrument in Kastenform als Geber und vereinte es mit dem in Figur 6 abgebildeten Empfänger. Der Geber bestand aus einem Hufeisenmagnet, über dessen Enden kleine Drahtrollen geschoben waren. Vor den Polen des Magnets befand sich eine dünne Eisenblech-Membran, welcher die Töne durch ein Mundstück zugeführt wurden. Die ganze Magnet-Vorrichtung konnte mittels einer Schraube der Membran genähert, bz. von derselben entfernt werden.

Wurde in das Mundstück hineingesprochen, so gerieth die Membran der Tonhöhe entsprechend in Schwingungen und erzeugte durch das

Schwingen vor den Polen des Magnetes, wie beim Harfen-Apparat, eine den Schwingungen entsprechende Anzahl Magnet-Induktionsströme, welche die Membran des Empfängers in ebenso viele Schwingungen versetzte. Dadurch wurde auch die, die letztere umgebende Luft in tönende Schwingungen versetzt, so dass man die gesprochenen Worte deutlich hören konnte. Die Schwingungen der Membran des Empfängers waren nicht nur isochron mit denen der Membran des Gebers, sondern auch wegen der wechselnden Stärke der Induktionsströme von entsprechender Schwingungsweite; in Folge dessen liess sich die Verschiedenheit in der Stärke der sprechenden Stimme unterscheiden.

Ohne auf das Wesen der Induktion näher einzugehen, wird die folgende kurze Betrachtung zur Erklärung der obigen Thatsache genügen.

Nähert man dem Pole eines polarisirten Elektromagnets, wie ein solcher an dem eben beschriebenen Telephon verwendet wird, ein Eisen- oder Stahlblättchen, so entsteht in den durch irgend einen Leiter geschlossenen Umwindungen des Elektromagnets ein Magnet-Induktionsstrom; desgleichen entsteht ein solcher Strom, sobald das Eisen- oder Stahlblättchen wieder entfernt wird. Die Stärke dieser Ströme ist u. A. abhängig von der Grösse der Annäherung und Entfernung des Blättchens zu bz. von dem Pole des Elektromagnets. Bringt man nun ein Eisenblättchen so vor dem Pole an, dass es frei schwingen kann, so wird eine weite Schwingung einen stärkeren Strom erzeugen als eine enge. Da aber das Eisenblättchen sich allmälig dem Pol nähert, bz. sich von demselben entfernt, so nehmen auch die entstehenden Magnet-Induktionsströme allmälig in ihrer Stärke zu und ab; sie beschreiben eine sinusoidale Wellenlinie, weshalb solche Ströme mit dem Namen „undulatorische Ströme" bezeichnet werden (vergleiche S. 13). Dasselbe ist der Fall bei dem Bell'schen Fernsprecher. Spricht man nämlich durch die Schallöffnung, so treffen Schallwellen durch die Oeffnung hindurch auf die Membran. Da die Schallwellen als Verdichtung und Verdünnung der Luft gedacht werden müssen, so wird die verdichtete Luft, welche auf die Membran stösst, diese Membran dem Pol des polarisirten Elektromagnets nähern und dadurch einen elektrischen Strom erzeugen. Die nachfolgende Luftverdünnung zieht die Membran wieder zurück, wodurch wiederum ein elektrischer ebenso starker, aber entgegengesetzt gerichteter Strom entsteht.

Von der Form des zuletzt angegebenen Fernsprech-Gebeapparats bis zur gegenwärtigen Form, welche sowohl zum Hören als auch zum Sprechen dienen kann, war noch ein grosser Schritt. Unter Mitwirkung der Professoren Blake und Peirce, des Doctors Channing und der Herren Clarke und Jones in Providence (Rhode Island) wurde nach und nach der Magnetstab entsprechend dünner genommen, der Schalltrichter durch ein passendes Mundstück ersetzt und die handliche Taschenform eingeführt[*]).

---

[*]) Prescott S. 274.

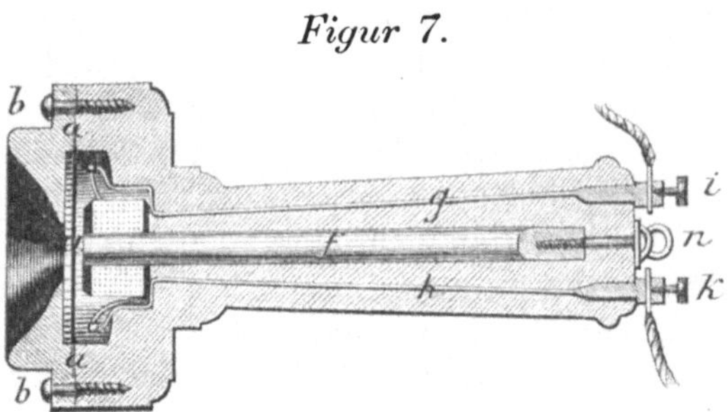

Figur 7.

Der hiernach abgeänderte Fernsprech-Apparat (Figur 7), der Hand-Fernsprecher genannt im Gegensatz zu dem vorerwähnten Kasten - Fernsprecher, welcher im Monat Mai des Jahres 1877 von Bell hergestellt wurde, besteht aus einem hölzernen Gehäuse von etwa 100 mm*) Länge und 40—50 mm Durchmesser mit den Klemmschrauben i, k. An das obere Ende ist ein Holzcylinder von 50 mm Länge und 82 mm Durchmesser mit einem passenden Mundstück b angefügt, welches eine Oeffnung von etwa 20 mm Durchmesser hat. Durch diese Oeffnung sieht man die Membran a von dünnem Eisenblech. In dem längern Theile des Gehäuses befindet sich der runde Magnetstab f von etwa 10 mm Stärke, dessen oberes Ende mit einer kleinen Rolle von feinem isolirten Draht umgeben und dessen unteres Ende mittels der Schraube n an dem Gehäuse befestigt ist. Die Umwindungen stehen durch die Drähte g und h mit den Klemmen i und k in Verbindung; letztere Klemmen dienen zur Aufnahme der Leitungsdrähte.

Bei der Konstruktion des zuletzt beschriebenen Fernsprechers hat Bell die galvanische Batterie fortgelassen und den Elektromagnet endgültig durch einen dauernden Magnet in Stabform ersetzt, auf dessen einem Ende eine kleine Drahtrolle sich befindet. Der einzige Nachtheil, welcher sich hieraus ergiebt, besteht darin, dass die Stärke der ankommenden Töne etwas, wenn auch wenig, geringer ist. In Betreff der Deutlichkeit ist eher ein Vortheil, als ein Nachtheil zu verzeichnen, da die Aenderungen der entsprechenden Magnet-Induktionsströme, welche gleichfalls undulatorische Ströme sind, den Schwingungen der Membran genauer folgen, als dies bei den Batterieströmen der Fall ist.

Sind zwei Fernsprecher zu einem Leitungskreise verbunden, indem man die Klemmen kk und ii mit einander oder auch jede der Klemmen ii mit der Erde verbindet, so müssen selbstverständlich die in den Umwindungen des einen Fernsprechers erzeugten elektrischen Ströme die Leitung und die Rolle des anderen Fernsprechers durchlaufen. Diejenigen Ströme, welche durch Annäherung der Membran an den Pol, also durch Verstärkung des Magnetismus in dem einen Fernsprecher entstehen, führen auf dem anderen Fernsprecher, bei entsprechender Einschaltung desselben, gleichfalls eine Verstärkung des Magnetismus herbei, während die durch das Zurückgehen der Membran, also durch Verminderung des Magnetismus entstehenden Ströme auf dem anderen Ende ebenfalls Verminderung des Magnetismus erzeugen. In dem ersten Falle wird die Membran stärker angezogen, im letzteren Falle wird sie sich in Folge der

---

*) Die Maasse sind nur annähernd, da die Fernsprecher der einzelnen Konstrukteure um ein Geringes in ihrer Grösse verschieden sind.

ihr innewohnenden Elasticität von dem Magnetpol entfernen. Jedem Strom entspricht nun eine Schwingung; da aber die Zahl der entstehenden Ströme der Anzahl der Schwingungen der Membran des gebenden Apparats gleich ist, so müssen die Schwingungen der Membran des einen Fernsprechers der Zahl nach mit den Schwingungen der Membran des anderen Fernsprechers genau übereinstimmen.

Aber auch die Weiten der Schwingungen beider Membrane stehen in gleichem Verhältniss zu einander. Da nämlich die Schwingungsweite der Membran des gebenden Apparats die Stärke der Magnet-Induktionsströme bedingt, die Stärke dieser Ströme wiederum die Stärke der Anziehung der Membran des empfangenden Fernsprechers, so muss eine weite Schwingung der ersten Membran eine weite Schwingung der zweiten Membran erzeugen; ebenso wird einer engen Schwingung der Membran des gebenden Apparats bei dem Empfangs-Apparat eine geringere Membranschwingung folgen. Nun sind, wie wir Seite 13 gesehen haben, die Höhe, Fülle und Klangfarbe eines Tones von der Anzahl und Weite der Schwingungen abhängig, also von denselben Grundbedingungen, von denen die Zahl der entstehenden Induktionsströme und deren Stärke abhängen; folglich werden mittels des Bell'schen Fernsprech-Apparates die Töne — gesprochen wie gesungen — sowohl in Höhe, Fülle als auch in Klangfarbe wiedergegeben.

Die ersten öffentlichen Versuche mit dem Bell'schen Fernsprecher wurden während der Ausstellung in Philadelphia vorgeführt, und die erste regelmässige Fernsprech-Linie von C. Williams jun. zwischen Boston und seinem etwa 50 Kilometer entfernten Sommersitze in Sommerville*) errichtet.

Die vielfachen Versuche, welche seit dem Bekanntwerden der letztgenannten Apparate namentlich mit dem kleinen Hand-Fernsprecher angestellt worden, übergehen wir hier; desgleichen die vielfachen Verwendungen, welche Bell's Fernsprecher bereits gefunden hat. Es wird in dieser Hinsicht auf die beigegebene Quellenangabe verwiesen. Zu erwähnen bleibt nur, dass in Deutschland die ersten Versuche bei der obersten Post- und Telegraphen-Verwaltung am 24. Oktober 1877 angestellt worden sind. Der Erfolg war ein so zufriedenstellender, dass der General-Postmeister die Anordnung erliess, zwischen verschiedenen Büreaus der General-Post- und Telegraphen-Verwaltung Fernsprech-Leitungen zu errichten, um die praktische Verwerthung des Fernsprechers in der Telegraphie zu prüfen.

Die erste Fernsprech-Leitung wurde am 5. November 1877 zwischen dem Büreau des General-Postmeisters und dem des General-Telegraphenamts-Direktors, die erste Fernsprech-Leitung zur Uebermittelung von Telegrammen am 12. November 1877 zwischen Rummelsburg und Friedrichsberg bei Berlin errichtet.

In derselben Weise wie Bell hatte auch Gray den Gedanken, die Erzeugung von Tönen an fernliegenden Orten mittels der Elektrizität zu

---

*) Telegr. Journ. Bd. 5 S. 137.

telegraphischen Zwecken zu verwenden. Auf Grund der hierüber angestellten Untersuchungen stellte Gray zu Anfang des Jahres 1874 mehrere Sender zur Erzeugung von Tönen verschiedener Höhe her.

Gray schreibt darüber im Wesentlichen Folgendes[*]):

Wenn man sich selbst in den Stromkreis einschaltet und mit der trockenen Hand eine in dem Stromkreise liegende Metallplatte reibt, so werden die von dem anderen Ende kommenden Stromwellen an der Platte in hörbare Schwingungen umgewandelt (vergl. Beatson S. 3). Diese Erscheinung beobachtete ich zuerst zufällig am Zinkfutter einer ganz trockenen Badewanne, welches mit dem einen Ende der sekundären Rolle eines Induktoriums verbunden war, während das andere Ende der Rolle von meinem Enkel in der linken Hand gehalten wurde, dessen rechte Hand wieder zum Zinkfutter der Wanne führte. Als zufällig beim Schliessen der Batterie die Hand längs des Zinkfutters glitt, vernahm ich einen deutlichen Ton. Denselben Erfolg erzielte ich, als ich mich selbst einschaltete. Der Ton änderte seine Höhe, je nachdem die Reibungen schneller oder langsamer stattfanden. Dagegen wurde kein Ton gehört, sobald mit einer feuchten Hand das Zinkfutter der Badewanne gerieben wurde, während beim Trockenwerden der reibenden Theile der Ton wieder erklang.

Die Folge der hierüber weiter angestellten Versuche war die Anfertigung eines elektro-musikalischen (elektro-harmonischen) Apparates im Frühling des Jahres 1874, welcher aus einem Geber und einem Empfänger bestand.

Der Geber war zuerst ein einoktaviges, später ein zweioktaviges Klavier; jede Taste stand mit einem auf den entsprechenden Ton abgestimmten Stromunterbrecher in Verbindung. Die Figur 8 zeigt schema-

Figur 8.

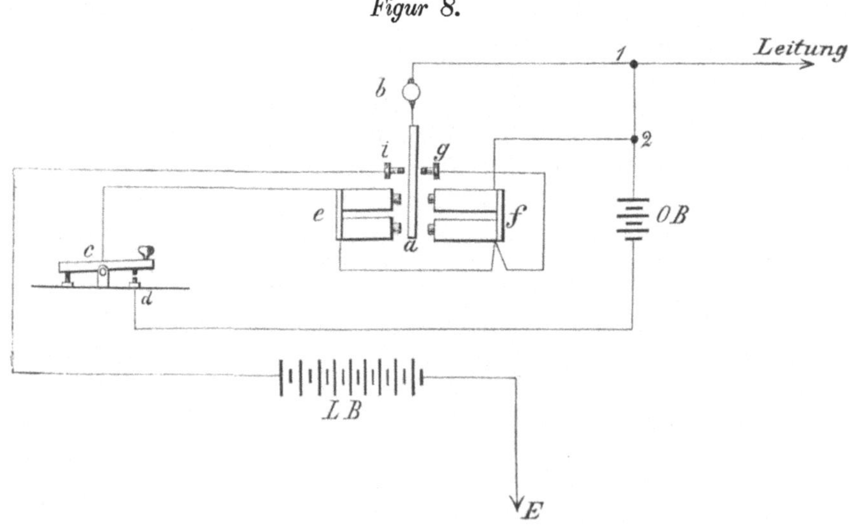

---

[*]) Prescott S. 151 ff. — Dolbear S. 106. — Dingler Bd. 225 S. 46.

tisch diesen Stromunterbrecher. *a* ist der abgestimmte Stahlstab, welcher an dem Ständer *b* befestigt ist und zwischen den Kontaktschrauben *g* und *i* schwingt. Dieser Stab bildet den gemeinschaftlichen Anker zweier Elektromagneten, deren Pole einander zugekehrt angeordnet sind. Die Umwindungen dieser Elektromagnete sind derartig verbunden, dass nach Entfernung des Ankers *a* von der Kontaktschraube *g* ein die Rollen *e* durchlaufender Strom auch durch die Rollen *f* gehen muss. Die Umwindungen der Elektromagnetrollen sind so beschaffen, dass bei gleichzeitigem Durchgehen des Stromes durch beide Elektromagnete der Ankerstab *a* von dem Elektromagnet *f* stärker als von *e* angezogen wird.

Wird die Taste *c* gedrückt und dadurch *c* mit *d* in Verbindung gebracht, so nimmt, wenn der Stab *a* die Kontaktschraube *g* berührt, der Lokalstrom seinen Weg von der Batterie *OB* über *d*, Taste *c*, Rollen *e*, *g*, *b*, *1* und *2* zu *OB* zurück. Die Kerne von *e* werden magnetisch und ziehen den Anker *a* an; durch Anlegen von *a* gegen den Kontakt *i* wird die Linienbatterie *LB* geschlossen, und sendet dieselbe ihren Strom über *i* und *b* in die Leitung. Gleichzeitig wird jedoch auch, da der Stab *a* den Kontakt *g* verlassen hat, der zweite Elektromagnet *f* in den Lokal-Stromkreis eingeschaltet und dadurch, weil nach Obigem der durch ein und denselben Strom in *f* erzeugte Magnetismus den Magnetismus in *e* überwiegt, der Stab *a* von *i* wieder nach *g* herübergeführt und der Stromkreis der Linienbatterie wieder unterbrochen. Dieses Spiel des Stabes *a* zwischen *g* und *i* wiederholt sich mit einer Geschwindigkeit, welche von der Dicke und Länge des Stabes *a* abhängt, also von der dem Tone, auf welchen *a* abgestimmt ist, zugehörigen Schwingungszahl.

Die bei diesem Apparat vorhandenen 15 Selbstunterbrecher waren, wie vorhin erwähnt, derartig unter einander abgestimmt, dass der Umfang der Töne zwei Oktaven betrug.

Die Verbindungen für jeden dieser 15 Selbstunterbrecher waren einander gleich; zum Betrieb dienten eine gemeinsame Lokal- und eine gemeinsame Linienbatterie.

Wird eine Taste — *c* in Figur 8 — niedergedrückt, so hört man durch die Wirkung der Lokalbatterie *OB* den Grundton des zum Unterbrecher gehörigen Stabes *a*; die Linienbatterie *LB* sendet eine den Schwingungen des Grundtones entsprechende Zahl elektrischer Wellen durch die Leitung zum Empfänger, durch welchen diese Wellen in hörbare Schwingungen umgesetzt werden.

Als Empfänger hat Gray mehrere Apparate versucht, bis er bei der Verwendung eines Elektromagnets, *C* (Figur 9), stehen blieb, dessen Anker ein in der Längsrichtung um die Rollen und über die Pole führendes

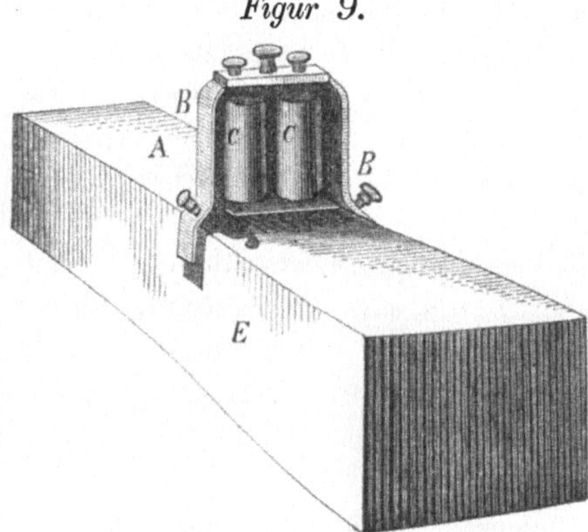

Figur 9.

Stahlband *B* (Figur 9) bildete. Jedem der 15 Unterbrecher entsprach ein auf den Ton des zugehörigen Unterbrechers abgestimmter Empfänger. Die 15 Empfänger waren in richtiger Tonfolge auf einem länglichen Resonanzkasten *E* aufgestellt; der Resonanzkasten diente zur Verstärkung der Töne der Stahlbänder.

Mittels eines solchen Apparates konnten nicht nur die Töne einzelner Tasten, sondern auch die mehrerer Tasten zugleich wiedergegeben werden. In der That hat Gray auf einer Leitung von 457 Kilometern Länge das Hörbarmachen eines Concerts in der Ferne mit Erfolg ausgeführt[*]).

Eine anderweite Verwendung als zur Vorführung von Musikstücken, Liedern u. s. w. an fernen Orten konnte dieses Gray'sche Instrument nicht finden. Um dasselbe zur vielfachen Telegraphie zu benutzen, war es nothwendig, aus den verschiedenen Tönen einen bestimmten Ton herausklingen zu lassen, damit der Telegraphist die für ihn bestimmten telegraphischen Tonzeichen erkennen konnte. Auf Grund der Helmholtzschen Forschungen mit elektromagnetischen Stimmgabeln konstruirte Gray besondere Empfänger, sogenannte „Analyzers", welche aus den verschiedenen Tönen den betreffenden telegraphischen Ton deutlich heraustönen liessen.

Gray hat solche Analyzers in mehreren verschiedenen Formen erbaut[**]) und ist es ihm gelungen, zwischen New-York und Philadelphia acht Telegramme, je vier in jeder Richtung, auf einer und derselben Leitung gleichzeitig zu übermitteln. Beim Arbeiten in beiden Richtungen wird an jedem Ende der Leitung eine Batterie verwendet, welche in so viel Theile abgezweigt ist, als Töne zu senden sind.

Bei seinen vielfachen Versuchen mit den Apparaten zur Uebermittelung musikalischer Töne in die Ferne hatte Gray die Beobachtung gemacht, dass ein besseres Ergebniss erzielt wurde, wenn der Linienstromkreis stets geschlossen blieb und die durch die Schallschwingungen erzeugten elektrischen Wellen durch Aenderungen in der Stromstärke erzeugt wurden. Er erzielte dieses anfänglich durch Aenderung der elektromotorischen Kraft und des Batterie-Widerstandes (vergl. S. 13) in der Weise, dass durch Schallschwingungen abwechselnd eine grosse Batterie entweder bis auf einen kleinen Zweig kurz geschlossen oder wieder ganz eingeschaltet wurde. Die Batterie stand nur an dem gebenden Ende der Leitung. Später schaltete er auch zu dem Empfänger eine Batterie und gelangte nach vielen Versuchen im Anfang Januar 1876 zu seinem ersten sprechenden Apparat, „Batterie-Fernsprecher", bei dem er die undulatorischen Ströme nur durch Aenderung des Leitungs-Widerstandes (vergl. S. 13) erzeugte.

Gray hat am 14. Februar 1876 in Washington sich diesen Fernsprecher patentiren lassen. Derselbe bestand aus einem besonderen Geber und besonderen Empfänger. Des geschichtlichen Werthes halber ist in der Abbildung Figur 10 die Einrichtung dieses Fernsprechers angegeben,

---

[*]) Scient. Amer. 1877 April S. 245 und S. 263.
[**]) Prescott S. 160. — Dingler 225 S. 52. — Telegrapher 1876 S. 241 und 253.

Figur 10.

welcher von amerikanischer Seite als der erste Fernsprecher bezeichnet wird und welcher schon im Juli 1875 von Gray erfunden sein soll. Die amerikanischen Fachblätter gestehen daher auch die Priorität der Erfindung dieses wundervollen Instruments nicht Bell, sondern Gray zu, weil letzterer (Gray nämlich) am 14. Februar 1876 sich ein Patent auf eine neue Art der elektrischen Tonübermittelung geben liess, während Bell an demselben Tage nur ein Patent auf gewisse, neue und nützliche Verbesserungen in der Telegraphie nahm[*]).

Der Gray'sche Originalgeber bestand aus einem Glasgefäss J, welches mit schwach gesäuertem Wasser oder einer anderen Flüssigkeit von demselben spezifischen Leitungswiderstande gefüllt war (Figur 10).

Der Boden p dieses Glasgefässes war mit einem bis in die Flüssigkeit gehenden Messingstöpsel versehen, der mit der Linienbatterie B in Verbindung stand. Ueber der Oeffnung des Glasgefässes J befand sich eine dünne Membran D aus einem sehr biegsamen Material, an deren Mitte ein dünner und leichter Messingstab N befestigt war, welcher bis in die Mitte der Flüssigkeit tauchte. Die an dem Mundstück M befestigte Membran D stand mit der Leitung und dadurch mit dem Empfänger E in Verbindung. Letzterer bestand aus einem kleinen, gewöhnlichen Elektromagnet, einem an der Membran D' befestigten, dünnen Eisenblechscheibchen e und einem Mundstück M'. Die Rolle H ist einerseits mit der Leitung, andererseits mit der Erde verbunden.

In dem Zustand der Ruhe geht ein permanenter Strom durch die Leitung. Wird gegen D gesprochen, so taucht das Stäbchen N tiefer in die Flüssigkeit, verändert dadurch den Widerstand der Leitung und somit auch die Stromstärke; in Folge dessen werden eine der Anzahl der Schwingungen der Membran (also auch des Tones) gleiche Zahl elektrischer Wellen oder undulatorischer Ströme erzeugt, welche auf dem anderen Ende die Membran des Empfängers in ebenso viele und gleichartige Schwingungen versetzen und dadurch den gesprochenen Ton vollkommen wiedergeben.

---

[*]) Prescott S. 202, 205 und 217.

Im weiteren Verlauf seiner Studien über das Fernsprechen gelangte Gray zu seinem „Supplemental-Magnet-Telephon", bei welchem er die Linienbatterie durch eine Lokalbatterie ersetzte. Dieses Instrument diente sowohl zum Hören als auch zum Sprechen und war in folgender Weise eingerichtet[*]).

Figur 11.

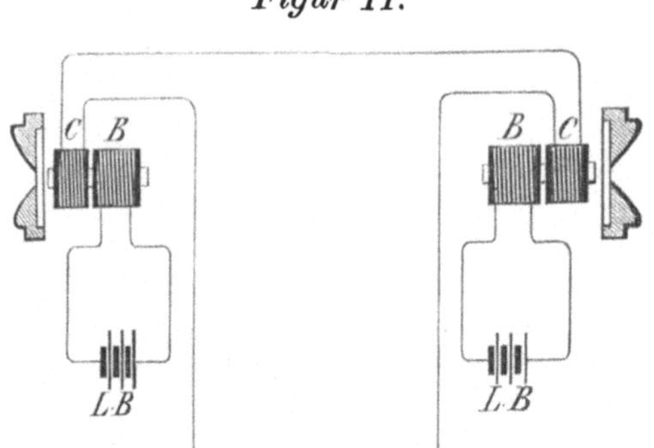

Auf einem Stab aus weichem Eisen (vergl. Figur 11) befanden sich zwei von einander unabhängige Drahtrollen; die eine Rolle B war durch eine Lokalbatterie geschlossen, die andere C stand einerseits mit der Leitung, andererseits mit der Erde in Verbindung. Vor dem Pole des durch die Rolle B gebildeten Elektromagnets befand sich eine dünne Eisenblechmembran, von einem passenden Mundstück gehalten. Das Instrument war zum bequemen Gebrauch an einem Messingrahmen befestigt.

Wie aus der Anordnung des Apparates ersichtlich, versendet Gray (wie auch Bell) beim Sprechen Magnet-Induktionsströme, weil der Kern des Elektromagnets durch die Wirkung der Lokalbatterie dauernd magnetisirt ist. Die laut in das Mundstück gesprochenen Worte kamen auf dem andern Apparat, sobald man das Ohr gegen die Oeffnung legte, laut und deutlich an.

Später wurde auch die Lokalbatterie fortgelassen und der damit zusammenhängende Elektromagnet durch einen U förmigen Stahlmagnet ersetzt, welcher gleichzeitig zum Halten des Apparats diente[**]). Als Mundstück diente ein mit zwei divergirenden, engen Röhren versehenes Schallrohr. Die Röhren waren auf den unteren Oeffnungen mit je einer dünnen Eisenblechmembran verschlossen, welche dicht vor den Polen der Rollen stand.

Hiermit werden die Mittheilungen über die Forschungen der beiden Männer geschlossen, welche durch die von ihnen geschaffenen Instrumente die ganze Welt nicht allein zur allgemeinen Bewunderung hinrissen, sondern auch zu weiterem Forschen auf dem neu angebahnten Wege mächtig anregten.

In welcher Weise der von Bell und Gray angebahnte Weg weiter ausgebaut und welche wichtigen Ergebnisse dabei erzielt worden, soll der Gegenstand des folgenden Abschnitts sein.

---

[*]) Prescott S. 31 und 177.
[**]) Prescott S. 33.

4. Die weiteren Forschungen auf dem Gebiete
des elektrischen Fernsprechens.

Es war vorauszusehen, dass in Amerika die Fachgenossen Bell's und Gray's den von diesen beiden Männern erreichten grossen Erfolgen nicht unthätig zusehen würden. Von den vielen Amerikanern, welche sich mit dem Fernsprechen beschäftigt haben, zeichnen sich hauptsächlich aus: Thomas A. Edison in Menlo Park (N. J.), Prof. E. Dolbear in Boston und G. M. Phelps in New-York.

Bereits im Juli 1875 begann Edison[*]), nachdem er von dem verstorbenen Präsidenten der Western Union Telegraph Company, William Orton, eine englische Beschreibung der von Reis angestellten Versuche zur Uebermittelung von Tönen in die Ferne erhalten und von den Gray-schen elektro-harmonischen Telegraphen-Apparaten Kenntniss erhalten hatte, mit Versuchen zur Herstellung eines Vielfach-Telegraphen-Apparates, welcher zum Grundgedanken die Uebermittelung von Tönen hatte.

Im September 1875 hatte Edison einen elektro-harmonischen (akustischen) Apparat erbaut, dessen Geber eine Vereinigung des Gray'schen Fernton- und elektro-harmonischen Gebers zeigte, während der Empfänger ein Instrument ganz abweichender Konstruktion bildete. Edison benutzte zwei teleskopische Metallröhren, deren eine Oeffnung mit einer Eisenblechmembran verschlossen war. Dicht vor jeder Membran befand sich ein mit zwei Rollen versehener Elektromagnet mit weichem Eisenkern.

Eine andere Anordnung eines Apparats zur vielfachen Telegraphie mit Hülfe abgestimmter Federn war fast gleich derjenigen von Gray.

Mit dem teleskopischen Röhren- oder Resonanzempfänger stellte Edison zuerst Sprechversuche an, wobei er als Geber einen vereinfachten Reis'schen Tongeber in der Weise benutzte, dass er auf der Membran eine Platinschraube anbrachte und zwischen diese Schraube und den Batteriekontakt einen Tropfen Wasser einfügte (vergl. Yeates S. 11); die benutzte Batterie bestand aus 20 Elementen. Der Erfolg war jedoch, in Folge zu schneller Zersetzung des Wassers, nicht zufriedenstellend. Ein besseres Ergebniss wurde nicht erzielt, wenn gesäuertes Wasser oder ein mit verschiedenen Lösungen getränkter Körper, z. B. Schwamm, Papier oder Filz, angewandt wurde.

Im Verein mit seinen beiden Assistenten Batchelor und Adams liess Edison sich jedoch nicht abschrecken. Nach zweijährigen, andauernd fortgesetzten Versuchen mit Halbleitern u. s. w. hatte er seinen Kohlen-Fernsprecher (Carbon Telephone) konstruirt, welcher vor dem Bell'schen den Vorzug zeigte, dass er die Sprache etwas lauter wiedergab, ohne dabei an Deutlichkeit einzubüssen.

Die ganze Anordnung besteht aus dem eigentlichen Kohlen-Fernsprecher als Geber und einem Magnet-Fernsprech-Apparat (Bell, Gray u. s. w.) als Empfänger. Die Einrichtung des Gebers beruht auf der zufälligen Ent-

---

[*]) Prescott S. 218 ff.

deckung Edison's vom Jahre 1873, dass besonders zubereitete Kohle (Graphit, Retortenkohle, Beinschwarz) in hohem Grade die Eigenschaft besitzt, unter Druck ihren Leitungswiderstand zu ändern, und dass das Verhältniss dieser Widerstandsänderungen genau dem Druck entspricht; sie beruht ferner auf der von Edison gemachten Entdeckung (anscheinend im Anfange 1877), dass Tonwellen unter Benutzung der eben angegebenen Eigenschaft in elektrische Wellen umgesetzt werden können.

Ein derartiger Geber, wie er von Edison angegeben worden, ist in Figur 12 abgebildet. In einer cylindrischen Büchse von Hartgummi, welche in dem obern, weitern Theile eines dem äussern Ansehn nach

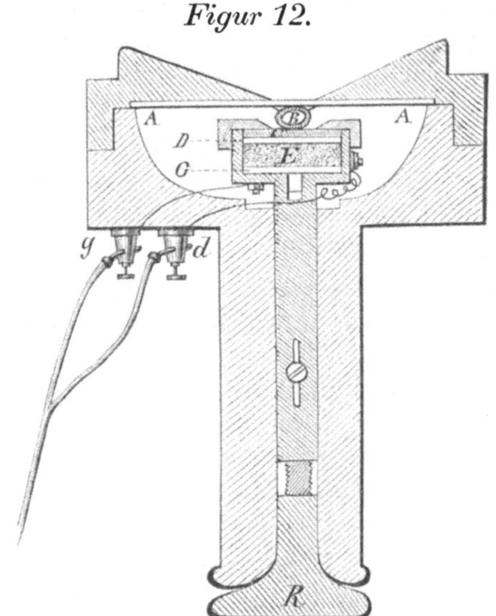

Figur 12.

dem Bell'schen Fernsprecher gleichen Holzcylinders untergebracht ist, befindet sich zwischen zwei Platinplatten D und G eine Kohlenscheibe E (von Graphit, noch besser von Beinschwarz). D und G sind mittels isolirter Drähte mit den Drahtklemmen d und g leitend verbunden. Ueber der Platinplatte D liegt eine Elfenbeinplatte C. Zwischen der in ähnlicher Weise wie beim Bell'schen Fernsprecher angeordneten Eisenblechmembran A und der Elfenbeinscheibe C ist unter geringem Druck ein dünner Gummiring B angebracht. Zur Regelung des mittels dieses Ringes von der Membran A auf die Scheibe C und damit auf die Kohlenscheibe E ausgeübten Drucks dient die Schraube R. Der Gummiring hat gleichzeitig den Zweck, die Schwingungen der Membran derartig zu dämpfen, dass diese beinahe unmittelbar nach Aufhören des Tones, welcher die Schwingungen erzeugt, zur Ruhe kommt; dadurch soll eine Verwirrung der einzelnen Laute und somit die Uebermittelung unreiner Töne verhindert werden.

Zum Betriebe dient eine kleine Batterie, deren Stromkreis durch die vorbeschriebene Kohlenscheibe des Gebers und durch die Hauptrolle eines Induktoriums geschlossen ist; die Nebenrolle des letzteren ist mit der Leitung und dadurch mit dem als Empfänger verwendeten Magnet-Fernsprech-Apparat verbunden. Da sich, wie vorhin erwähnt, der Widerstand der Kohlenscheibe (somit auch derjenige der Leitung) dem Druck entsprechend ändert, die Grösse des Druckes aber von der Weite der Schwingungen der Membran abhängig ist, so werden durch die Schwingungen, je nach ihrer Weite, mehr oder weniger starke Aenderungen in der Stromstärke hervorgebracht und gleichzeitig ebensoviel elektrische Wellen, d. h. undulatorische Ströme in dem Hauptstromkreis erzeugt, als die Membran Schwingungen macht. Diese Anzahl undulatorischer Ströme erzeugt eine gleiche Anzahl galvanischer Induktionsströme in der Nebenrolle und in der damit verbundenen Leitung; hierdurch werden die Schwingungen der Membran des Gebers, also die des gesprochenen Tones, auf die Membran des Empfängers übertragen, und die, die letztere Membran umgebende Luft in Schwingungen versetzt und dadurch der Ton wiedergegeben.

Die dem ebengenannten Kohlen-Fernsprecher zu Grunde liegende Thatsache, dass ein, durch einen unvollkommenen Leiter hindurchgehender elektrischer Strom in seiner Stärke Aenderungen erleidet, wenn dieser unvollkommene Leiter einem wechselnden Druck unterworfen wird, hat, wie aus dem Nachfolgenden ersichtlich, Veranlassung zur Herstellung der verschiedenartigsten Fernsprech-Apparate gegeben, welche aber fast sämmtlich nur als Gebe-Apparate verwendbar sind. Ob die Aenderungen der Stromstärke nur auf die Unterschiede in der Stärke der Zusammenpressung der benutzten Halbleiter zurückzuführen sind, wie Edison annimmt, oder ob, wie von anderen Seiten angenommen wird, die Widerstandsänderungen nicht vielmehr von dem bei verschiedenem Druck eintretenden, mehr oder weniger innigen Kontakt der sich berührenden Körper herrühren, ist bisher noch nicht mit Sicherheit festgestellt worden. Für die letztere Ansicht dürften mehrfache Beobachtungen an Körpern sprechen, bei denen ein mit dem Druck wechselnder Leitungswiderstand nicht wohl angenommen werden kann. So verwendete z. B. Ant. Bréguet in Paris verschiedene Kohlensorten und verschiedene polirte Metalle und gelangte bei seinen Versuchen auch zu der Ansicht, dass die Unterschiede in dem Widerstande hauptsächlich in der Veränderung der Grösse der Kontaktfläche ihren Grund habe.

Unter Bezugnahme auf diese Ansicht, sowie mit Rücksicht darauf, dass sehr viele Physiker und Mechaniker die Herstellung neuer Fernsprech-Apparate versucht haben, bei welchen Batterieströme zur Anwendung kommen, dürfte es hier am Platze sein, einige Worte über ein Instrument zu sagen, welches zur Fortpflanzung auch ganz schwacher Töne mittels der Elektrizität in den verschiedenartigsten Formen benutzt wird.

Dieses Instrument, wegen seiner hohen Empfindlichkeit „Mikrophon" genannt, ist von dem Professor D. E. Hughes, dem Erfinder des bekannten und in fast allen Verwaltungen verwendeten Typendruck-Telegraphen-Apparates, eingeführt.

Hughes fand, dass gewisse, nicht homogene, jedoch leitende Stoffe, wenn sie in dem Stromkreis einer galvanischen Batterie sich befinden, tönende Schwingungen in undulatorische elektrische Ströme umzusetzen vermögen, und dass mit Hülfe dieser Ströme nicht allein Töne und Worte, sondern auch ganz leise Geräusche, welche in Folge ihrer Zartheit an und für sich den Gehörsnerv nicht erregen, deutlich vernehmbar gemacht werden können. Hughes liess seine Erfindung am 9. Mai 1878 der Royal Society in London durch Professor Huxley vorführen; er selbst hat der Physical Society in London am 8. Juni 1878 hierüber eine Abhandlung°) eingereicht.

°) Telegr. Journ. Bd. 6 S. 255 u. 260.— Polyt. Ztg. Bd. 6 S. 444. — Dingler Bd. 229 S. 148.

Das Wesentliche in den unzähligen, verschiedentlich geformten Mikrophonen besteht in einem im Stromkreise befindlichen Leiter, dessen Widerstand genau im Einklang mit den ihn treffenden Schallwellen und andern tönenden Schwingungen Aenderungen erleidet. Hughes benutzte als Leiter Feilspäne, Schrotkörner, poröse, resonirende Körper, metallisirte Kohle, Graphit, Retorten-Kohle oder irgend ein leitendes Pulver. Ein von Hughes hergestelltes, sehr einfaches Instrument bestand aus 2 parallel liegenden Drahtnägeln, über denen ein dritter lag. Die beiden parallelen Nägel waren mit den Poldrähten einer galvanischen Batterie verbunden; als Empfänger diente, wie bei allen derartigen Versuchen, ein Bell'scher Fernsprecher.

Mittels dieser Einrichtung konnte man wohl schwache Geräusche deutlich vernehmbar machen, z. B. schwaches Klopfen auf den Tisch, oder unmittelbar über dem Mikrophon ganz leise gesungene Töne; Worte wiederzugeben scheint jedoch nicht gelungen zu sein.

Das Mikrophon, welches Hughes bei seinem Versuch in London verwandte, bestand aus einer etwa 8 cm langen Glasröhre von 2 cm Durchmesser, in welcher sich 4 bis 5 Stückchen metallisirter Weidenkohle (Zeichnenkohle) befanden. Die Kohlenstückchen waren leicht an einander gedrückt, die Enden der Röhren mit Pfropfen aus Gaskohle versehen, welche mit Siegellack in ihrer Lage festgehalten wurden und je mit einem Zuleitungsdraht versehen waren. Dieses Instrument wird auf ein kleines Brettchen oder auf den Tisch gelegt und dann in einen Stromkreis eingeschaltet. Spricht man alsdann gegen dasselbe, so soll man in dem Empfangs-Fernsprech-Apparat jedes Wort deutlich hören und verstehen können.

Eine dritte Form konstruirte Hughes in folgender Weise: Zwei Resonanzbrettchen B und D (Figur 13 und 14) sind unter einem rechten

Figur 13.   Figur 14.

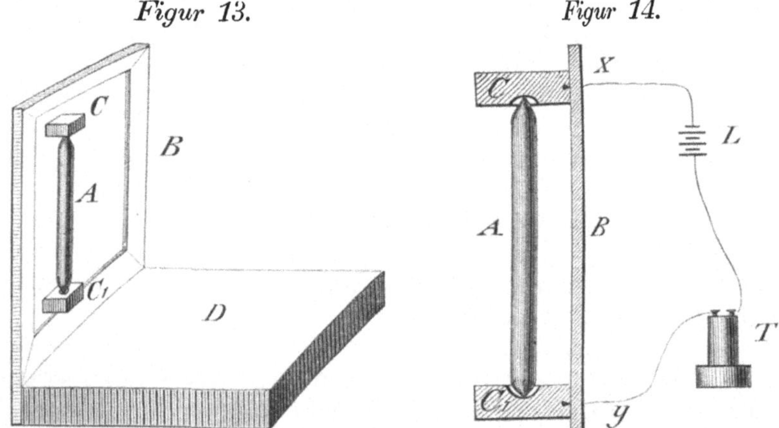

Winkel an einander befestigt. Auf dem senkrechten Schenkel B sitzen die beiden an den einander zugekehrten Seiten mit Vertiefungen versehenen Kohlenstückchen C und C_1. In den genannten Vertiefungen ist der an beiden Enden zugespitzte Kohlenstab A lose eingesetzt. Die Kohlenstückchen C und C_1 sind mit den Zuleitungsdrähten x und y und dadurch mit der Batterie L und dem Empfangs-Fernsprech-Apparat T verbunden.

Spricht man gegen den Kohlenstab A, also auch gegen das Brettchen B, oder streicht bz. stösst man ganz leise mit dem Finger gegen den Stab A oder das Brettchen B bz. D, so wird dadurch die ganze Einrichtung in Schwingungen versetzt. Der Kohlenstab A steht in Folge dessen bald inniger, bald loser mit den Kohlenstückchen C und C_1 in Kontakt. Dadurch wird der Widerstand an den Berührungsstellen und damit auch die Stromstärke geändert. Es entstehen also in derselben Weise wie bei den Kohlen-Fernsprech-Apparaten in dem Verbindungsdrahte undulatorische Ströme.

Die Empfindlichkeit des Mikrophons ist so gross, dass das Ticken einer auf das Brettchen D (Figur 13) gelegten Uhr durch eine längere Telegraphenleitung, selbst bei starker Induktion von anderen Drähten, nach dem entfernten Amte deutlich vernehmbar übermittelt wird. Spricht man in einem Zimmer, in welchem ein Mikrophon aufgestellt ist, etwas laut gegen eine Wand, so werden die Worte gleichfalls der mit dem Mikrophon telegraphisch verbundenen Stelle übermittelt; die ankommenden Worte sind jedoch von einem derartig starken knisternden Geräusch begleitet, dass die Deutlichkeit häufig vollständig verloren geht. Gesungene Töne kommen dagegen besser an und sind auch auf einige Meter vom Empfangs-Fernsprech-Apparat deutlich zu hören.

Die bedeutende Tonverstärkung, welche durch das Mikrophon erreicht wurde, hat zu verschiedenen, eine Vervollkommnung bezweckenden Konstruktionen desselben Anlass gegeben.

Sämmtliche Konstruktionen zeigen jedoch nur in der Anordnung bz. Form Verschiedenheiten; alle haben das Gemeinsame, dass bei denselben Kohlenstückchen in den Stromkreis einer galvanischen Batterie geschaltet sind, und dass die Pressung der Kohlenstücke gegen einander bz. eines Kohlenstückchens gegen eine Metallfläche meistens beliebig geregelt werden kann.

Das Bestreben der Konstrukteure war hauptsächlich darauf gerichtet, das Mikrophon als Gebe-Apparat beim Fernsprechen verwendbar zu machen.

Aber nicht allein zum Geben, sondern auch zum Hören suchte man das Mikrophon zu verwenden. Hughes selbst stellte einen Mikrophon-Empfänger her, zunächst zu dem Zwecke, die Ursache der mikrophonischen Wirkung zu beweisen, welche seiner Ansicht nach darin bestehen soll, dass die tönenden Schwingungen den Widerstand verkleinern und vergrössern können, dass also die Kohlenstücke abwechselnd zusammengedrückt und ausgedehnt werden.

Dieser Empfänger[*]) bestand aus zwei Stückchen Fichtenkohle, welche durch eine Feder gegen einander gedrückt wurden und auf der Mitte einer, über einen zinnernen Cylinder gespannten Pergament-Membran befestigt waren. Hughes ist nun der Ansicht, dass die undulatorischen

---

[*]) Engineering 1878 Bd. 26 S. 12. — Dingler Bd. 229 S. 150.

Ströme die Dimensionen der Kohlenstückchen verändern und dadurch die Membran in hörbare Schwingungen versetzen.

Ein guter, mikrophonischer Empfänger soll sich nach den Comptes rendus Bd. 87 S. 8 in folgender Weise herstellen lassen[*]):

In einer vertikalen Tafel von der nämlichen Grösse wie bei einem gewöhnlichen Mikrophon bringt man ein Loch an, das gross genug ist, um das Hörrohr eines gewöhnlichen Bindfaden-Fernsprech-Apparats darin zu befestigen. Ein solcher Apparat wird so eingefügt, dass die Pergament-Membran desselben in der Fläche der Tafel liegt. Diese Membran trägt in ihrer Mitte ein Stückchen metallisirter Tannenkohle, gegen welches unter sehr schwachem Druck ein zweites Kohlenstück anliegt, das am obern Ende eines vertikalen, zweiarmigen Hebels befestigt ist. Der metallene Hebel und damit das daran befindliche Kohlenstück, sowie das an der Membran angebrachte erste Kohlenstück sind ebenso, wie der entsprechende Apparat bei der gebenden Stelle, in den Stromkreis einer Batterie (4 bis 5 Leclanché-Elemente) eingeschaltet; der Druck, den die beiden Kohlenstücke gegen einander ausüben, lässt sich durch Anspannen bz. Nachlassen einer sehr feinen Spiralfeder regeln. Das Ganze ist in ein Kästchen eingeschlossen, aus dem nur das Hörrohr heraustritt. Mit einem solchen Mikrophon kann man Worte empfangen und absenden, doch hört man die übermittelten Worte weniger deutlich, als mit einem Bell'schen Fernsprecher.

Im Uebrigen werden bei Verwendung der Kohlen-Fernsprecher und ähnlicher mit Batterieströmen betriebener Apparate als Gebe-Apparate bis heute nur die auf dem Bell'schen Konstruktionsprinzip beruhenden Fernsprecher als Empfangs-Apparate benutzt.

Einen auf anderer Grundlage beruhenden Empfänger hat Edison hergestellt. Er machte nämlich die Beobachtung, dass die Reibung zwischen einem mit Platinspitze versehenen Metallstift und einem darunter fortbewegten, mit gewissen Lösungen getränkten und mit dem positiven Pol einer Batterie verbundenen Papierstreifen geringer wird, sobald man den Stift mit dem negativen Pol der Batterie in Verbindung bringt; bei Unterbrechung des Stromes tritt dagegen der ursprüngliche Reibungswiderstand sofort wieder ein. Das auf diese Beobachtung gegründete erste Instrument, welches aus dem Jahre 1874 herrührte und zu telegraphischen Zwecken dienen sollte, nannte Edison „Elektromotograph"[**]), den telephonischen Empfänger von 1877 „Elektromotograph-Telephon"[***]). Von beiden Instrumenten ist von den amerikanischen Fachblättern seiner Zeit sehr viel Aufhebens gemacht worden; indessen ist derselbe — soviel hier bekannt — zum öffentlichen Verkehr nur in London vorübergehend benutzt worden. Ueber die ersten Versuche, welchen das von einem Neffen Edison's nach London gebrachte Elektromotograph-Telephon unterworfen wurde, haben die „Times"[†]) damals kurz Folgendes mitgetheilt:

---

[*]) Dingler Bd. 231 S. 285.
[**]) Polyt. Ztg. 1878 S. 92. — Prescott S. 372. — Sack S. 19. — Ann. Télégr. 1877.
[***]) Sack S. 18.
[†]) Telegr. Journ. 1879. — The Electr. 1879.

Der Empfänger — das Elektromotograph-Telephon — besteht aus einem kleinen würfelförmigen Kästchen von 7 Zoll Seitenlänge. Eine in der Vorderseite angebrachte kreisförmige Oeffnung von 4 Zoll Durchmesser ist mit einer Membran von Glimmer verschlossen. In der Mitte der Membran und senkrecht zur Fläche derselben ist ein leichter Messingstab von 2,5 Zoll Länge befestigt, dessen anderes, mit einer Platinspitze versehenes Ende auf einem Cylinder aufliegt. Dieser Cylinder, 1,5 Zoll lang und etwa 1 Zoll stark, besteht aus einem Gemenge von Schlemmkreide, Kalihydrat und Quecksilber-Acetat, welches zusammengeknetet, in die bestimmte Form gebracht und dann getrocknet wird; durch einen unter ihm angeordneten Wassertrog wird die Oberfläche des Cylinders feucht erhalten. (In neuerer Zeit hat Edison diesen Theil des Apparats insofern verändert, als er den Wassertrog beseitigt und den Kreidecylinder in einer luftdicht abgeschlossenen Kapsel untergebracht hat. Dadurch soll die Verdunstung verhindert und der einmal angefeuchtete Cylinder dauernd feucht erhalten werden.) Die Drehung des Cylinders erfolgt mittels einer an der Seite des Kästchens angebrachten Kurbelvorrichtung. Der leichte Messingstab wird mittels einer Feder gegen den Cylinder derart angedrückt, dass bei entsprechender Drehung des Cylinders der Stab, der zwischen demselben und dem Cylinder stattfindenden Reibung entsprechend, mit fortgezogen, und die Membran etwas nach innen durchgebogen wird. Findet bei fortgesetztem Drehen des Cylinders eine Verringerung der Stärke der Reibung statt, dann wird die Membran in Folge ihrer Spannkraft das Bestreben haben, die ursprüngliche Lage wieder einzunehmen und wird dieselbe bei fortwährendem Wechsel des Reibungswiderstandes in Schwingungen versetzt werden. Dergleichen Aenderungen des Reibungswiderstandes treten nach den gemachten Beobachtungen ein beim Durchgange eines elektrischen Stromes von dem Messingstab nach dem besonders zubereiteten Kreidecylinder. Die stattfindenden Aenderungen entsprechen ausserdem genau den Stromstärken.

In dem vorgenannten Kasten sind ferner untergebracht: der vorhin erwähnte Kohlen-Fernsprecher, eine Batterie von zwei Elementen und ein Induktorium. Eine Kurbelumschalte-Vorrichtung dient zum Umschalten von Sprechen auf Hören und umgekehrt. Der Geber liegt mit den zwei Elementen in der Hauptrolle des Induktoriums, während das eben beschriebene Elektromotograph-Telephon durch die Nebenrolle und die Leitung geschlossen wird.

Wird gegen die Membran des Gebers (des Kohlen-Fernsprechers) gesprochen, so entstehen in der Hauptrolle des Induktoriums in Folge der Widerstandsänderungen der Kohlenscheibe (vergl. S. 26) den Lauten entsprechende Reihen elektrischer Wellen, d. h. undulatorische Ströme, welche eine gleiche Anzahl Induktionsströme in der Nebenrolle und in der Leitung erzeugen. Diese letzteren Ströme bringen nun eine ihrer Anzahl und Stärke entsprechende Zahl mehr oder minder kräftiger chemischer Wirkungen auf den Kreidecylinder des Empfängers hervor; in Folge dessen wird die Reibung zwischen dem Kreidecylinder und dem Messingstab der Zahl und der Stärke der undulatorischen Ströme entsprechend geändert und die mit dem Stabe verbundene Membran in Schwingungen versetzt, welche die im Geber gesprochenen Laute wiedergeben.

Die mit diesem Apparat angestellten Versuche sollen äusserst zufriedenstellende Ergebnisse geliefert haben, und es sollen die übermittelten Worte noch auf 15 Fuss Entfernung vom Empfänger gehört worden sein, trotzdem der Apparat einer der ersten, überhaupt konstruirten war und keineswegs grosse Vollkommenheit zeigte.

Edison hat mit diesem Fernsprech-Apparat die Verwendung von Elektromagneten sowohl im Geber als Empfänger überflüssig gemacht; allerdings ist die Tonwiedergabe nicht so schön und deutlich, als dies beim Bell'schen Apparat der Fall ist, überdies dürfte bei der Benutzung des Edison'schen Apparates auch noch der Umstand in Betracht zu ziehen sein, dass dabei die bei Verwendung des Bell'schen Apparats erzielte grosse Einfachheit des Betriebes aufgegeben werden muss.

Ausser diesen Versuchen hat Edison noch Versuche mit Elektrophor-Fernsprechern angestellt, die aus je einem Elektrophor und je einem Mundstück mit metallischer Membran bestanden. Der Elektrophor des einen Fernsprech-Apparats wurde mit dem Elektrophor des anderen durch eine Leitung verbunden, während die Membrane an Erde lagen. Durch Veränderung der Ladung auf den Elektrophoren in Folge der Membranschwingungen konnten Worte zwar übermittelt werden, jedoch nur schwach und nur bei einer vollkommen isolirten Leitung. Mit einem elektrostatischen Fernsprecher konnte auch bei weniger guter Isolirung der Leitung gesprochen werden.

Ferner hat Edison mit dem Wasser- oder Hydro-Fernsprech-Apparat mit einem doppelten Wasserkontakt und mit einem thermo-elektrischen Fernsprecher Versuche angestellt, ohne jedoch den Kohlen-Fernsprech-Apparat zu übertreffen.

Dieselbe Einfachheit wie Bell hat Dolbear[*]) mit seinem Magnet-Fernsprecher erreicht, welchen er unabhängig von Bell im Herbste des Jahres 1876 erfunden haben will.

Dieser Dolbear'sche Apparat hat grosse Aehnlichkeit mit dem Kasten-Fernsprecher von Bell, beschrieben auf S. 16. Aus einem aus drei Lamellen gebildeten Hufeisenmagneten ragen die Polenden der beiden aussenliegenden Lamellen etwas über die mittlere Lamelle hervor und bilden dadurch eine Rinne. In jede dieser an beiden Magnetpolen befindlichen Rinnen wird ein weicher Eisenstab derartig hineingeschoben, dass er auf der mittleren Magnetlamelle aufsteht und fest an die beiden anderen Lamellen anliegt. Dabei ragen diese Eisenstäbe noch so weit über die Pole der beiden letzten Lamellen hervor, dass sie bequem einer Drahtrolle als Kern dienen können. Auf jedem Schenkel des auf diese Weise hergerichteten Hufeisenmagnets befindet sich eine Drahtrolle; dicht vor

---

[*]) Prescott S. 263. — Dolbear S. 116.

deren Pol steht eine Membran aus dünnem Eisenblech. Diese Membran sitzt in einem Messinggehäuse, welches mit einem passenden Mundstück versehen ist.

Ein ähnlicher von W. Gurlt in Berlin gefertigter Apparat befindet sich im Besitz der Reichs-Telegraphenverwaltung; derselbe unterscheidet sich nur dadurch von dem eben beschriebenen Apparat, dass der Hufeisenmagnet aus zwei gleichlangen Lamellen besteht, die Pole der Kerne mit Polschuhen versehen sind (wie bei den polarisirten Relais und Farbschreibern), und dass die Entfernung der Pole des Magnetsystems von der Membran mittels einer Schraube nach Bedarf geändert werden kann.

Auch mit einem veränderten Reis'schen Fernsprech-Apparat, Elektrophon genannt, hat Dolbear Versuche angestellt und zu diesem Zweck dieses Instrument in der Weise abgeändert, dass ein Messingschalltrichter mit seiner Membran an einem Messingstiftchen mehr oder weniger innig anliegt. Der Schalltrichter steht mit der Batterie, das Stiftchen mit der Leitung und dem Empfänger (Magnet-Fernsprecher) in Verbindung. Später brachte Dolbear zwischen die Membran und das Stiftchen einen Wassertropfen (wie Yeates und Edison). Auch hat er Versuche angestellt mit einem Geber, welcher aus zwei Messingplatten bestand, zwischen denen eine nicht leitende Schicht lag.

G. Phelps, der bekannte Mitarbeiter am Hughes-Apparat und Konstrukteur des fast allgemein in Amerika benutzten Typendruck- (Motor-Printing-) Apparates, hat einen Fernsprecher konstruirt, welcher sich hauptsächlich durch deutliche Artikulation, verbunden mit einer lauten Wiedergabe der Sprache, vor den vielen anderen Fernsprech-Apparaten auszeichnen soll.

Die wesentlichsten Verbesserungen, welche Phelps[*]) vornahm, bestanden darin, dass er zwei oder mehrere Membrane mit nur einem Mundstück und ebensoviel Elektromagnete mit nur einem permanenten Magneten benutzte; die Drahtrollen der Elektromagnete waren untereinander zu ein und demselben Stromkreise verbunden.

Von den vielen verschiedenen Fernsprech-Apparaten, welche in den Jahren 1877 und 1878 in Amerika zur Patentirung gelangt sind[**]), sollen hier nur diejenigen hervorgehoben werden, welche den vorangeführten unmittelbar folgten.

Zunächst finden wir eine Reklamation von George B. Havens[***]) in Lafayette (Indien), welcher seinen Fernsprecher bereits im Jahre 1869 erfunden haben will. Derselbe bestand aus einer dünnen Weissblechröhre, welche an dem einen Ende offen, an dem anderen Ende verschlossen war. Die verschliessende Platte diente somit als schwingender Körper; ihr gegenüber stand eine verstellbare Kontaktschraube mit Platinspitze.

---

[*]) Prescott S. 21.
[**]) Journ. of the Telegr. Bd. 10 und 11.
[***]) Scient. Amer. 1877 S. 83. — Journ. of the Telegr. Bd. 10 S. 313.

Der Fernsprecher von G. B. Richmond in Lansing (Mich.)[*] ist eine Abart der Apparate von Gray und Edison, da er ebenfalls Wasser zur Veränderung des Leitungswiderstandes benutzt. Zur sicheren Funktionirung des Gebers hat er wie Edison (vergl. S. 25) einen Doppelkontakt in der Weise angebracht, dass an der Membran zwei Platinstiftchen sitzen, welche je nach der Weite der Schwingungen mehr oder weniger tief ins Wasser tauchen und dadurch die entsprechenden Aenderungen im Leitungswiderstande erzeugen, somit eine entsprechende Anzahl elektrischer Wellen in die Leitung schicken.

Emile Berliner in Washington[**]) verwerthete bei Herstellung seines Fernsprech-Apparats die Idee Gray's (vergl. S. 24) in der Weise, dass er die beiden Rollen, wie bei einem Induktorium, in einander stellte und die Eisenblech-Membran in den Lokalkreis verlegte. Geber und Empfänger waren gleich. Wurde nun gegen die Membran gesprochen, so entstanden durch deren Schwingungen in dem Lokal-Stromkreis und in der Hauptrolle des Induktoriums Induktionsströme, welche in der Nebenrolle und in dem Leitungskreis eine gleiche Anzahl Induktionsströme erzeugten und in der bereits erklärten Weise die gesprochenen Worte u. s. w. wiedergaben.

Etwas später konstruirten Elihu Thomson und Edw. J. Houston in Philadelphia einen Fernsprech-Apparat[***]), Reaktions-Fernsprecher genannt, in welchem sie Gray's und Edison's Prinzip vereinigten. Dieser Apparat zeigt eine gewisse Aehnlichkeit mit dem oben erwähnten Apparat von Berliner. An dem einen Ende eines Eisenstabes befindet sich eine kleine Aushöhlung, in welcher ein Quecksilberkügelchen liegt. In dasselbe taucht eine kleine Spitze aus Reissblei, welche an eine Eisenblech-Membran befestigt ist. Um das ausgehöhlte Ende des Eisenstabes liegen zwei von einander unabhängige, in einander geschobene Drahtrollen; die eine Rolle bildet die Hauptrolle eines Induktoriums und steht einerseits mit dem Stab, andererseits mit dem einen Pol der Batterie in Verbindung, deren anderer Pol mit der Membran verbunden ist. Die andere Rolle, die Nebenrolle des Induktoriums, liegt in der Leitung. Geber und Empfänger sind gleich.

Alle diese Neuerungen können jedoch als Verbesserungen nicht angesehen werden. Die betreffenden Apparate haben bisher auch fast gar keine Verwendung gefunden, ebenso wie die Apparate von Edison, weil aus einer nur unerheblich verstärkten Wiedergabe der übermittelten Töne sich kein so grosser Vortheil ergiebt, um die bei Verwendung der Apparate von Bell, Gray, Dolbear und Phelps zulässige Einfachheit der Betriebseinrichtungen aufzugeben. Die Fernsprech-Apparate der letztgenannten Konstrukteure werden in Amerika von der Bell Telephone Company in Boston, von der Western Electric Telegraph Company in

---

[*]) Dingler Bd. 227 S. 51. — Telegr. Journ. Bd. 5 S. 222. — Sack S. 36. — Journ. of the Telegr. Bd. 10 S. 246 und 264.

[**]) Polyt. Ztg. Bd. 6 S. 286. — Patent. Gaz. 1878.

[***]) Polyt. Rev. Bd. 5 S. 235. — Dingler Bd. 229 S. 267.

Chicago und von der American Speaking Telephone Company in New-York gebaut.

Während der weiteren Forschungen in Amerika war unterdessen der Bell'sche Fernsprecher im September oder Oktober 1877 nach England gekommen, woselbst, in Folge der im Laufe des Jahres 1877 durch die Fachblätter bekannt gewordenen Nachrichten über die in Amerika beim Fernsprechen erzielten Erfolge, bereits Varley seine im Jahre 1870 begonnenen Untersuchungen (vergl. S. 11) über die elektrische Uebermittelung von Tönen in die Ferne wieder aufgenommen hatte. Varley konstruirte einen musikalischen Fernton-Apparat, welcher ebenso wie sein Stimmgabel-Apparat auf der Tonverstärkung durch einen Kondensator beruhte[*]). Der Geber besteht, wie der Gray'sche elektro-musikalische Geber, aus einem Klavier mit $1\frac{1}{2}$ Oktaven oder 12 Tasten. Zu jeder Taste gehört ein Selbstunterbrechungs-Elektromagnet, welcher aus einer Stimmgabel, der primären Rolle eines Induktoriums und einer Lokalbatterie besteht. Die Verbindung dieser Theile entspricht der des Gray'schen Unterbrechers S. 20. Der Empfänger besteht aus einer kurzen, aber weiten Röhre von 3 oder 4 Fuss im Durchmesser, welche nach Art eines Tamburins aus einem bandförmigen Streifen hergestellt ist. Im Innern dieser Röhre befindet sich ein Kondensator, welcher aus vier Staniolblättern mit Zwischenlagen von isolirendem Material gebildet wird. Die Blätter liegen lose übereinander und sind etwa halb so gross, als der Querschnitt der Röhre; sie liegen parallel und dicht an einer Membran aus Pergament, welche die Oeffnung der Röhre an einem Ende abschliessend überspannt ist.

Die Ladung des Kondensators erfolgt in der Weise, dass auf der Klaviatur irgend eine Taste gedrückt wird; in Folge dessen wird, wie bei den elektrischen Läutewerken, die Batterie abwechselnd, aber in äusserst schneller Folge geschlossen und geöffnet. Der hierdurch in der Hauptrolle des Induktoriums cirkulirende Hauptstrom erzeugt in der dazu gehörigen Nebenrolle einen sekundären Strom, welcher den Kondensator ladet. Durch diese Ladung des Kondensators wird eine wechselseitige Anziehung der Staniolblätter herbeigeführt, wobei sie sich kaum merklich einander nähern. Dies veranlasst eine Bewegung der Luft in der Röhre, welche sich der Membran mittheilt; demzufolge entstehen bei abwechselnder, regelmässiger Ladung und Entladung des Kondensators ununterbrochene Schwingungen der einzelnen Blätter und der Pergament-Membran, wodurch von letzterer ein der Schnelligkeit des Aufeinanderfolgens der Stromimpulse entsprechender Ton hervorgebracht wird.

Ueber den im Laufe des Sommers 1877 im Queen's Theater aufgestellten Varley'schen Empfangs-Apparat von $1\frac{1}{2}$ Oktaven Umfang (von C unter bis G über der Linie), dessen zugehöriger Geber mit zwölf Tasten und Nebenapparaten in der Canterbury Music Hall aufgestellt war, spricht sich das „Telegraphic-Journal" sehr abfällig aus und fügt u. A.

---

[*]) Arch. f. P. u. Tel. 1877 S. 646. — Hoffmann S. 14. — Sack S. 34. — Journ. of the Telegr. Bd. 10 S. 245.

hinzu, dass es von Varley klüger gewesen wäre, wenn er das Instrument, bevor er es dem Publikum vorführte, besser eingestellt bz. gestimmt hätte. Dasselbe deuten die „Times" an: „Einzelne Töne waren gut, andere aber ganz falsch, und der Gesammteindruck, den wir hatten, war, als ob das Instrument nicht richtig gestellt oder gestimmt gewesen wäre." Das Schlussurtheil des Berichterstatters lautet: „Das Instrument in seinem gegenwärtigen Zustande kann den Klang der menschlichen Stimme nicht übermitteln, auch nicht die von einem Orchester gespielte Musik aufnehmen und wiedergeben, ja nicht einmal die eines einzigen Instrumentes. Alles, was dasselbe im Augenblick leistet, ist, dass es in seiner Stimme jeden demselben mitgetheilten Ton wiedergiebt. Von dem vollkommenen Fernsprech-Apparat wird aber mehr als dieses erwartet."

Nach Deutschland gelangte die Nachricht von einer erfolgreichen Verwendung des Bell'schen Fernsprechers durch den Scientific American vom 6. Oktober 1877[*]. Unmittelbar darauf gelangten durch die Vermittelung des Vorstehers des Haupt-Telegraphenamts in London, welcher im Oktober 1877 aus Anlass von Tariffragen in Berlin anwesend war, zwei Bell'sche Fernsprech-Apparate in den Besitz der Reichs-Post- und Telegraphen-Verwaltung.

Die ersten Versuche waren von so gutem Erfolge begleitet, dass, wie Seite 19 erwähnt, der General-Postmeister die Verwendung dieses Instruments zu telegraphischen Zwecken anordnete. In Folge des hierdurch in Deutschland angeregten Studiums des Wesens des elektrischen Fernsprechers hat Dr. Werner Siemens in Berlin, der allgemein bekannte Elektriker, einen Fernsprech-Apparat[**]) hergestellt, dessen Wirkung bis jetzt noch von keinem hier bekannten anderen Fernsprecher übertroffen worden ist. Dabei sind die zum Betriebe mit demselben erforderlichen Einrichtungen so einfach, dass derselbe nur gegen Apparate von auffallend besserer Wirkung aufgegeben werden wird.

Das schrittweise Vorgehen des Dr. Siemens in seinen Untersuchungen über das Wesen der Uebermittelung von Tönen in die Ferne ist in den Monatsberichten der Berliner Akademie 1877 S. 47 ff. veröffentlicht[***]). Hier soll lediglich das Endergebniss dieser Forschungen in Betracht gezogen werden: der Fernsprecher mit Hufeisenmagnet, welcher nicht allein die Sprache leichter und deutlicher übermittelt als der Bell'sche Fernsprecher, sondern auch die für alle übrigen Fernsprech-Apparate erforderlichen besonderen Anruf-Apparate vollständig entbehrlich macht.

Der Siemens'sche Fernsprecher hat zwar dieselbe Form wie der Bell'sche, hat jedoch etwas grössere Abmessungen. Ein Hufeisenmagnet (Figur 15 und 15a.) ist in einen hölzernen Cylinder C derartig eingelassen, dass die Seiten der Schenkel BB nach aussen frei liegen. Der neutrale Punkt (also der Bogen) des Hufeisenmagnets liegt in einem an dem

---

[*]) Arch. f. P. u. Tel. 1877 S. 711.
[**]) D. R. P. No. 3396.
[***]) Auch Zetzsche Bd. 4 S. 106.

Cylinder *C* befestigten hölzernen Fuss *F*. Auf dem oberen Ende des Cylinders *C* sitzt in derselben Weise, wie bei dem Bellschen Apparat,

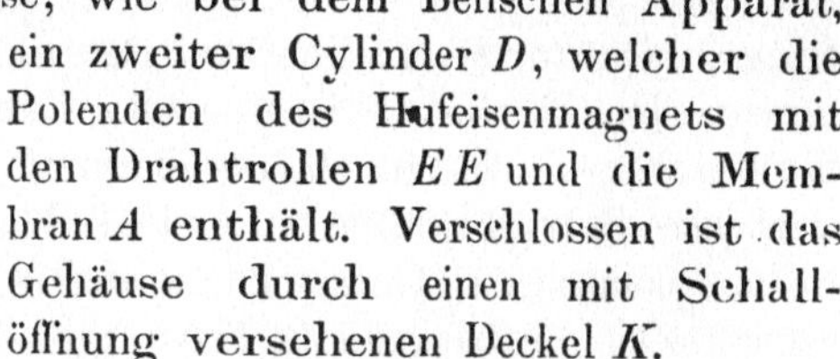

Figur 15.

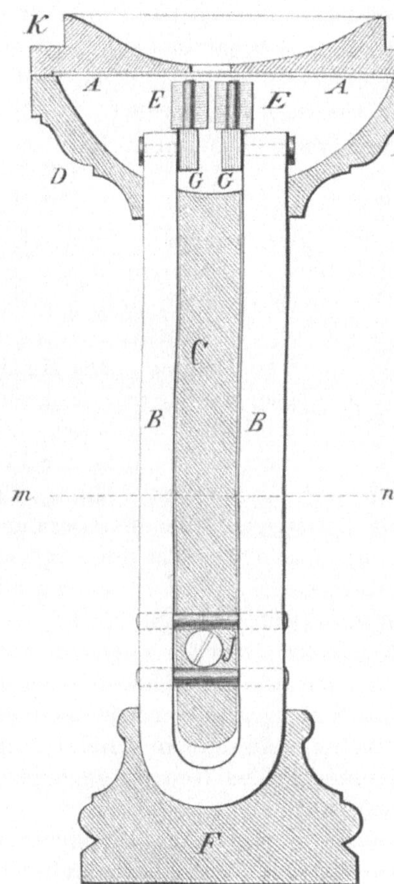

Figur 15a.

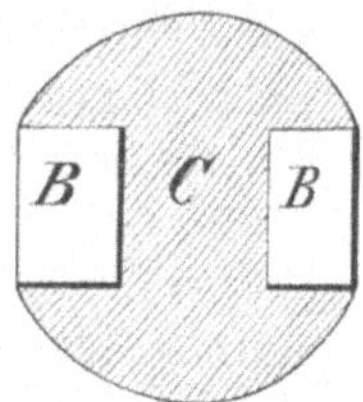

ein zweiter Cylinder *D*, welcher die Polenden des Hufeisenmagnets mit den Drahtrollen *E E* und die Membran *A* enthält. Verschlossen ist das Gehäuse durch einen mit Schallöffnung versehenen Deckel *K*.

An die Innenseiten der Schenkel *B B* des Hufeisenmagnets sind zwei Eisenstäbe *G G* von weichem Eisen derartig befestigt, dass sie mit der Hälfte ihrer Längen über die Enden der Magnetschenkel hervorragen. Ueber diese die Magnetpole bildenden Enden der Eisenstäbe sind die ellipsenförmig gewickelten Drahtrollen *E E* geschoben; dicht vor den Polenden ist die Membran *A* angebracht.

Zur Regelung der Entfernung zwischen Membran und Polenden der Elektromagnete dient die mit einem Excentrik versehene Schnittschraube *J*.

Dieser Fernsprecher übertrifft in seiner Wirkung den Bell'schen Apparat ganz bedeutend. Nicht allein kann, unbeschadet der Deutlichkeit, bei der Abgabe leiser gesprochen werden, sondern man hört auch besser. Auf kurzen Hausleitungen ist es gar nicht nothwendig, das Ohr fest an das Mundstück zu drücken.

Was aber die allgemeine Verwendung des Siemens'schen Fernsprechers so sehr fördert, ist der grosse Vortheil, dass zum Anrufen des zweiten Amtes eine besondere Weckervorrichtung, wie solche bis dahin stets gebraucht wurde*), nicht mehr erforderlich ist. Es genügt, auf das Mundstück eine Zungenpfeife mit einem genügend vollen Ton aufzusetzen und in dieselbe hinein zu blasen. Der von dem Empfangs-Apparat wiedergegebene Ton ist so laut, dass er deutlich gehört wird, selbst bei einer einigermaassen lebhaften Unterhaltung in dem Zimmer.

---

*) Dingler Bd. 228. — Polyt. Ztg. Bd. 6.

Siemens erreichte dies, wie bereits erwähnt, ohne im Geringsten die bei Verwendung des Bell'schen Apparats zulässige Einfachheit der Betriebseinrichtungen aufzugeben. Mittels einiger der vielen anderen bekannt gewordenen Fernsprech-Apparate haben die gesprochenen Worte wohl lauter, aber nicht deutlicher übermittelt werden können; die dabei erforderlichen Betriebseinrichtungen sind aber in der Regel wegen der zum ordnungsmässigen Betriebe erforderlichen Batterien und sonstigen Hülfsapparate so umfangreich, dass wegen der lautern Uebermittelung allein die sonstigen Vortheile des Siemens'schen Fernsprechers nicht wohl aufgegeben werden können.

In neuester Zeit hat Siemens diesen Fernsprecher noch in der Weise verbessert, dass er den den Hufeisenmagnet aufnehmenden cylindrischen Theil des Apparats statt aus Holz, aus Metall herstellte. Hierdurch werden die Missstände beseitigt, welche durch die verschiedene Ausdehnung des Holzes und des Metalls des Hufeisenmagnets bei Temperaturänderungen entstehen. Bei Erhöhung der Temperatur dehnt sich nämlich das Metall des Hufeisenmagnets aus, während die den Magnet umgebende Holzeinfassung sich zusammenzieht. Dadurch wird der Abstand zwischen den Polflächen und der schwingenden Membran verkleinert, und muss zur Erzielung einer deutlichen Uebermittelung der Magnet mit Hülfe der Regulirvorrichtung von der Membran entfernt werden. Bei Temperaturerniedrigung tritt das Umgekehrte ein, und muss dann abermals der Abstand zwischen Membran und Polenden geregelt werden. Wird nun, wie bei den neuern Siemens'schen Fernsprechern mit Hufeisenmagnet, die den Magnet einschliessende Hülle von Metall gefertigt, welches mit dem zum Magneten verwendeten Stahl nahezu denselben Ausdehnungskoeffizienten hat, so kann eine solche Aenderung in der Entfernung zwischen der Membran und den Polenden des Magnets nicht eintreten. Ausserdem scheint auch die der Metalleinfassung gegebene Form einer hohlen Röhre einen günstigen Einfluss auf die Lautwirkung auszuüben.

Ferner hat Fr. A. Gower in Paris einen Fernsprecher konstruirt[*]), welcher die Sprache sehr deutlich wiedergeben soll. Derselbe besteht aus einem permanenten Stahlmagnet, dessen beide Pole möglichst nahe aneinander gerückt und mit je einer ellipsenförmig gewickelten Drahtspirale umgeben sind, — wie beim Siemens'schen Fernsprecher mit Hufeisenmagnet. Abweichend hiervon ist der ausserhalb der Drahtspiralen belegene Theil des Magnets halbkreisförmig gebogen. — Gower will dadurch die nachtheilige Einwirkung parallel geführter Schenkel eines Magnets auf einander, welche namentlich dann bemerkbar eintreten soll, wenn die Entfernung der beiden Schenkel von einander gering ist, verhindern und damit eine bessere Lautwirkung erzielen. Mit dem Mundstücke ist ein Schlauch mit eingelegter Drahtspirale verbunden, welcher die Benutzung des Apparats gestattet, während derselbe dauernd an einer Wand etc. aufgehängt ist. Ausserdem ist dieser Fernsprecher noch mit einer Anruf-

---

[*]) Dieser Fernsprecher ist im Deutschen Reiche den Herren Fr. A. Gower et C. Roosevelt in Paris im Jahre 1879 patentirt worden. D. R. P. 5871.

vorrichtung versehen, welche aus einer unterhalb der Membran angebrachten Signalpfeife besteht, die mit einer in der Membran befindlichen Oeffnung in Verbindung gebracht ist.

Dieser Gower'sche Fernsprecher wird zur Zeit von einer in Paris befindlichen Gesellschaft, welche sog. Tel. Exchanges — Fernsprech-Wechsel-stationen — betreibt, bei ihren Anlagen verwendet.

Die übrigen Fernsprech-Apparate, welche unter wesentlicher Beibehaltung der einfachen Konstruktion des Bell'schen Fernsprechers nach Angabe ihrer Erfinder die Töne lauter wiedergeben sollten, haben bisher einen Erfolg nicht gehabt. Dahin gehört zunächst der Fernsprecher von Trouvé in Paris, welcher den Gedanken hatte, die Wirkungen der Sprache durch Benutzung mehrerer schwingender Membrane und durch entsprechende Vervielfältigung der Magnete und Induktionsrollen (vergl. Gray S. 24 und Phelps S. 33) zu erhöhen. Sein Sprech-Apparat besteht nicht mehr aus einem, sondern aus vier neben einander liegenden Elektromagneten mit den zugehörigen Membranen, mithin aus vier neben einander liegenden und zu einem System vereinigten Fernsprechern. Hier werden also durch dieselben Schallwellen vier Ströme gleichzeitig erzeugt und in dieselbe Leitung gesandt; dadurch soll die als bewegende Kraft dienende Stromstärke vermehrt und die Tonstärke im Empfangs-Apparat erheblich erhöht werden. Die mit derartigen Apparaten angestellten Versuche sollen ein gutes Resultat ergeben haben, und sollen alle Laute deutlich vernommen worden sein. Auch glaubte Trouvé durch Verkuppelung mehrerer Fernsprech-Apparate mit einander die Wirkung noch weiter erhöhen zu können.

Die andrerseits angestellten Versuche haben diese Vermuthung jedoch nicht bestätigt. Der Erfolg hängt jedenfalls davon ab, ob sämmtliche Membrane genau gleichmässig schwingen oder nicht. Sind auch nur ganz verschwindend kleine Unterschiede vorhanden, so können die in den verschiedenen Apparaten erzeugten Induktionsströme sich nicht — wie bei Herstellung des Apparats vorausgesetzt — ergänzen bz. verstärken.

Der Physiker Bréguet zu Paris schlug vor, mehrere Membrane in etwa einem Millimeter Entfernung hinter einander anzubringen, von denen die vorderen in der Mitte durchbohrt sind, damit der Schall bis zur hintersten Hauptplatte gelangen könne.

Navez (Vater und Sohn) in Brüssel haben den Bell'schen Fernsprecher in der Weise abgeändert*), dass sie den gewöhnlich angewendeten e i n e n Magnetstab durch einen Kranz kleiner Magnete von Nähnadelgrösse ersetzten, welche radial und senkrecht zur Achse der Büchse stehen und den nämlichen Pol dem in der Mitte befindlichen kleinen, von der Spule umgebenen Cylinder aus weichem Eisen zukehren. Der Cylinder ist mit einigen Schraubengängen versehen und in eine Schraubenmutter von Hartgummi eingesetzt; somit lässt sich der Cylinder genau in der richtigen Entfernung von der Platte einstellen. Dieser Apparat kann mittels eines elastischen Bandes bequem am Ohr befestigt werden. Indem Navez die

---

*) Dingler Bd. 229 S. 103.

Platte im Empfänger durch einen an dem einen Ende befestigten, mit dem andern frei schwingenden Blechstreifen ersetzten und am freien Ende einen Stift von gewisser Länge anbrachten, konnten sie die Schwingungen stark vergrössert auf einen Schirm übertragen; sie glauben, dass man selbst ein bleibendes Bild eines Wortes oder Satzes erhalten könne, wenn man den Weg der Schwingungen durch Funken eines Rhumkorff'schen Apparates bezeichnen lässt, welche man zwischen dem Stifte und einem bewegten, mit einem dünnen Papierstreifen belegten Metallbande überspringen lässt.

Cox Walker in New-York, Elektriker von Cooke und Söhne, versuchte, den Ton der Fernsprech-Apparate dadurch lauter zu machen, dass er mehrere Eisenblech-Membrane, (ähnlich wie dies beim Gray'schen und Phelps'schen Apparat ausgeführt war), jede jedoch nur von 38 bis 50 mm Durchmesser, verwendete, welche einzeln vor je einem, von einer Drahtrolle umgebenen Pol eines Magnets angebracht waren. Platten der angegebenen Grösse sollen die Sprache am deutlichsten wiedergeben. Zunächst stellte Walker einen Fernsprecher mit zwei Platten in der Weise her, dass er über beide Pole eines Hufeisenmagnets eine grössere Membran legte, diese aber rund um die jeden Magnetpol umgebenden Induktionsrollen herum derart festklemmte, dass die Platte nicht als ein Ganzes schwingen konnte. Später fertigte Walker derartige Fernsprech-Apparate mit vier und acht Membranen; die einzelnen Membrane machten dabei einen Winkel mit den Achsen der den Schall zu dem gemeinschaftlichen Mundstück führenden Gänge[*]). Die mit Cox Walker'schen Apparaten bei der Deutschen Reichs-Telegraphen-Verwaltung angestellten Versuche haben eine Ueberlegenheit dieser Apparate über die bei dieser Verwaltung in Gebrauch stehenden Siemens'schen Apparate nicht ergeben.

Ein ähnlicher Apparat ist von J. Fr. Bailey in Charing Cross hergestellt worden[**]). Bei demselben sind auf den Enden eines kurzen Magnetstabes und rechtwinklich zu dessen Achse weiche Eisenkerne aufgesetzt, welche mit Drahtspiralen umgeben sind. Die über beide Polenden reichende Membran ist so gelagert und unter Benutzung elastischer Zwischenlagen befestigt, dass sich zwei, bezüglich ihrer Schwingungen von einander unabhängige Membrantheile bilden. Statt der einen, in der angegebenen Weise in verschiedene Schwingungszonen abgetheilten Scheibe, können auch zwei in ähnlicher Weise befestigte Membranen benutzt werden. Nach Ansicht des Erfinders wird die Wirkung des Apparats noch dadurch erhöht, dass in Folge der getroffenen Anordnung der einzelnen Theile unterhalb der Membran eine möglichst flache, überall begrenzte Luftschicht — von dem Erfinder »Lautkammer« genannt — hergestellt ist.

Dr. Marx in Elberfeld machte den Vorschlag, den Bell'schen Fernsprecher in so geringen Abmessungen herzustellen, dass der die Membran enthaltende Theil bequem in das Ohr eingeführt, und so die schwingende Membran möglichst nahe dem Trommelfell gebracht werden konnte. Er

[*]) Engineer Bd. 46 S. 108.
[**]) D. R. P. No. 7694.

glaubte, dass dann die Wirkung eine bessere werden müsste. Der angestellte Versuch zeigte jedoch, dass mit einem hiernach hergestellten Apparat vernehmbare Töne nicht erhalten werden konnten.

Auch der Edison'sche Kohlen-Fernsprech-Apparat (vergl. S. 26), sowie die Abarten desselben, haben bis jetzt keine allgemeine Verwendung gefunden, wenigstens ist hierüber bisher nichts bekannt geworden.

Einer der Ersten, welcher mit dem Edison'schen Geber Veränderungen vornahm, war der Franzose Salet. Derselbe verwendete statt des Graphitcylinders eine Scheibe von Retortenkohle mit breiter Kontaktfläche, wodurch, den darüber bekannt gewordenen Mittheilungen nach, grössere Unterschiede in der Stromstärke als bisher erzielt wurden.

Garnier und Pollard in Cherbourg stellten einen Fernsprech-Gebeapparat in der Weise her, dass sie der Mitte einer Weissblech-Membran einen gewöhnlichen Bleistift so gegenüber anbrachten, dass die Spitze des letzteren einen leichten Druck auf die Mitte der Membran ausübte.

Heinrich Discher in Wien verwendete zwei Bell'sche Fernsprecher auf jedem Ende; der eine, welcher zum Geben dient, ist mit einem Elektromagnet verbunden, dessen Anker mit einer Graphitspitze versehen ist, welche auf einem Metallplättchen aufliegt. Graphitspitze und Metallplättchen bilden die vierte Seite eines Wheatstone'schen Parallelogrammes, in dessen Diagonale die Batterie liegt. An den beiden nicht mit einander verbundenen Ecken des Parallelogramms liegen Leitung und Erde. Die Leitung ist noch mit einem Umschalter verbunden, welcher gestattet, beim Empfange die Leitung direkt zum Empfangs-Apparat zu führen.

Spricht man nun gegen den Gebe-Apparat, so erzeugen die dadurch entstehenden Induktionsströme ein Schwingen des Ankers des Elektromagneten; in Folge dessen ändert sich der Druck auf die Graphitspitze und damit der Widerstand der vierten Seite des Parallelogramms. Da durch diese Widerstandsänderungen das Gleichgewicht der Brücke gestört wird, so geht eine entsprechende Anzahl undulatorischer Ströme in die Leitung, welche auf dem fernen Ende den Empfangs-Apparat in Thätigkeit setzen.

Die mit dieser Anordnung angestellten Versuche hatten kein günstiges Ergebniss zur Folge. Man liess nun den Elektromagnet fort und stellte Versuche in der Weise an, dass man zwischen Membran und Magnetpol ein Stückchen Graphit klemmte, und diese Kontaktstelle statt des Elektromagnet-Kontakts in das Wheatstone'sche Parallelogramm einschaltete. Auch mit dieser Einrichtung war ein Erfolg nicht zu erzielen.

Bald nach Bekanntwerden des Bell'schen Fernsprechers schlug der Ober-Telegraphen-Assistent Böttcher aus Hagenau vor, zum Geben einen Kondensator mit einer entsprechend starken Batterie zu verwenden (vergl. Edison's Elektrophor- und Elektrostatik-Telephon S. 32). Um ein und denselben Apparat zum Geben und Hören benutzen zu können, war an demselben eine Taste angebracht. Bei offener Taste war der Fernsprecher zum Geben, bei gedrückter Taste zum Hören eingeschaltet.

Gossen, Büreau-Assistent bei der Ober-Postdirection in Berlin, hat einen Kohlen-Fernsprechgeber mit Batterie konstruirt (Edison'sche Idee, jedoch unabhängig von diesem erfunden), dessen Kohlenscheibe zwischen einer Messingplatte und der Membran liegt. Zur Regulirung des mehr oder weniger innigen Kontaktes dient eine Schraube.

Professor Righi in Bologna hat einen Fernsprechgeber von etwas abweichender Form angegeben. Derselbe besteht aus einem von isolirendem

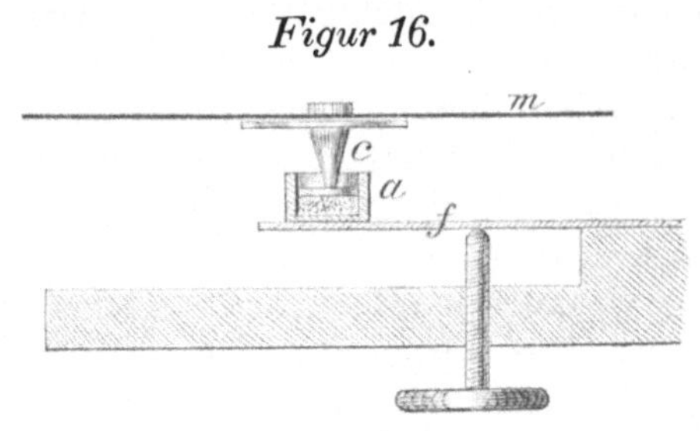

Figur 16.

Material hergestellten kleinen Behälter a, Figur 16, welcher auf das freie Ende einer an ihrem andern Ende befestigten Metallfeder f aufgesetzt ist. In dem Behälter befindet sich ein zusammengedrücktes Gemenge von Kohle oder Graphit und sehr feinem Silberpulver, welches mit der oben erwähnten Feder in leitender Verbindung steht. Die Oberfläche des Pulvers wird von einem, an der Mitte einer schwingenden Membran m befestigten Metallstück c leitend berührt. Der Druck dieses Metallstücks auf das Pulver kann durch Aenderung der Lage der den Behälter tragenden Feder — mittels einer Stellschraube — geregelt werden. Alle diese Theile sind in einer flachen Holzbüchse untergebracht, welche durch die schwingende Membran bz. durch ein geeignetes Schallmundstück geschlossen ist. Beim Sprechen gegen die Membran entstehen Aenderungen des Drucks zwischen dem an der Membran befestigten Metallstück und dem Kohlen-Silberpulver, welche ihrerseits wieder Aenderungen der Stärke eines durch das Pulver geleiteten galvanischen Stromes zur Folge haben.

Dr. Lüdtge in Berlin verfolgte den Gedanken, den Fernsprecher so einzurichten, dass man, selbst bei Benutzung nur eines Apparats an jedem Ende der Leitung, während des Sprechens von der hörenden Person unterbrochen werden konnte. Er erreichte dieses und zwar auf seiner Hausleitung im mikroskopischen Aquarium mit Erfolg in der Weise, dass er in dem Resonanzraum des Bell'schen Fernsprechers — unterhalb der Membran — eine bz. zwei Oeffnungen anbrachte, in dieselben je einen Gummischlauch einsetzte und diesen an dem freien Ende mit einer durchbohrten Spitze von Elfenbein oder anderem harten Material versah, welche während des Sprechens in das Ohr eingeführt wurde; von einer weiteren Verfolgung dieses Gedankens ist jedoch Nichts bekannt geworden.

Derselbe Zweck wird erreicht, wenn man auf jedem Ende zwei Bell'sche Fernsprecher, entweder hinter oder neben einander geschaltet, benutzt und während des Sprechens den einen Apparat an's Ohr legt. Auch kann man bei den Batterie-Fernsprech-Apparaten in die secundäre Rolle des Induktoriums einen Bell'schen Fernsprecher einschalten, welcher während des Sprechens an's Ohr gelegt wird.

Später hat Dr. Lüdtge einen Kohlen-Fernsprecher — von ihm Universal-Telephon genannt — konstruirt°), welcher sich insofern von den

---

°) D. Polyt. Ztg. 1879 S. 148.

bisherigen Kohlen-Fernsprechern unterscheidet, als beide Kontaktstücke an der Membran befestigt sind und durch das Schwingen der letzteren gleichzeitig in Schwingungen versetzt werden. Strenge genommen ist dieses auch bei dem Righi'schen Fernsprecher der Fall, da durch das Schwingen der Membran das an derselben befestigte Metallstück in Schwingungen versetzt wird, welches durch den Druck auf das Gemenge von Graphit und Silberpulver wiederum die Messingfeder in Schwingungen versetzt.

Figur 17.

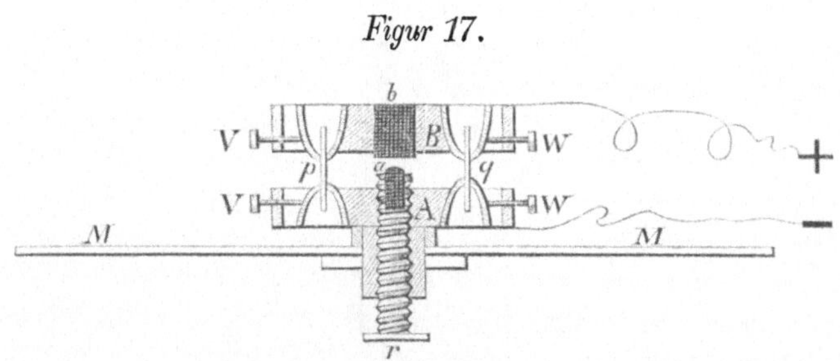

Der Lüdtge'sche Fernsprecher — das Universal-Telephon — besteht aus einer Holzmembran M (Figur 17), auf deren Mitte eine Messingfassung A befestigt ist. In derselben ist das an dem Ende der Schraube r eingesetzte, oben abgerundete Kohlenstück a befestigt, auf welchem das in der Messingfassung B befestigte Kohlenstück b mit geringem Druck aufliegt. Die beiden Messingfassungen A und B sind durch die Kautschuckstreifen p und q mit einander verbunden; diese können durch die Klemmschrauben V und W festgedrückt werden zu dem Zwecke, die dämpfende Kraft der Kautschuckstreifen zu reguliren. Zur Regulirung der Innigkeit des Kontaktes zwischen den beiden Kohlenstücken dient die vorgenannte Schraube r. Da die Empfindlichkeit dieses Gebers sehr gross ist, so hat Lüdtge noch einen Zweigwiderstand (shunt) N (Figur 18) eingeschaltet, so dass durch die Kohlenstäbe nur ein geringer Stromtheil cirkulirt.

Wird gegen die Holzmembran gesprochen, so werden die derselben mitgetheilten Schwingungen voll und ungeschwächt auf das Kontaktstück a übertragen. Das gegen a liegende Kontaktstück b nimmt an dieser Bewegung zwar auch Theil, indessen werden die Membranschwingungen auch durch die Kautschuckstreifen p und q auf das Kontaktstück b übertragen. Die Intensität der Schwingungen wird jedoch beim Durchgange der letzteren durch die Kautschuckstreifen etwas verändert; es entstehen Schwingungsunterschiede zwischen a und b, der Druck auf die Kohlenstücke und somit die Innigkeit des Kontaktes zwischen denselben wird in ähnlicher Weise geändert wie beim gewöhnlichen Kohlen-Fernsprechgeber.

Figur 18 giebt einen Totaldurchschnitt des Apparates mit Andeutung des Stromlaufes. S bezeichnet den Schallbecher, M die Holzmembran, F deren Fassung, Z Zapfen zum drehbaren Aufhängen des Apparates in einem Gestell, A und B die beiden Kontakthülsen, r die Regulirschraube, mit Hülfe deren der Apparat zur Benutzung eingestellt wird, N die Nebenschliessung (Zweigwiderstand), k und l Drahtklemmen, P die Batterie, T den Empfangs-Apparat (am besten ein Siemens'scher Fernsprecher).

Figur 18.

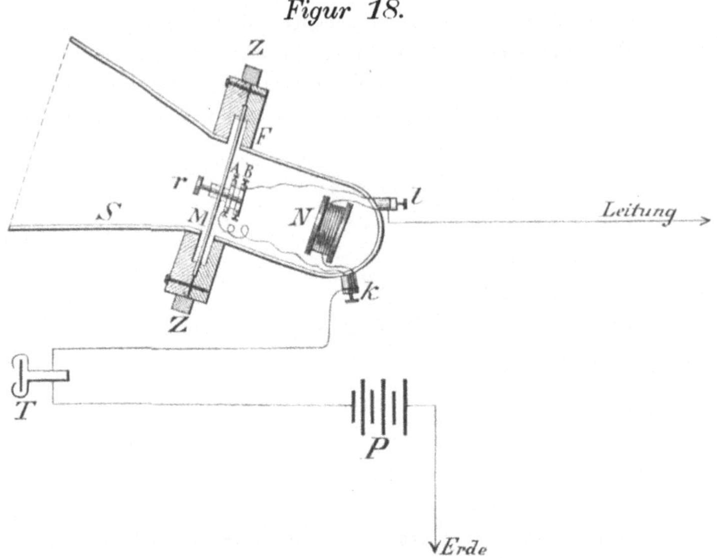

Bei der grossen Empfindlichkeit des Apparats genügt die mit der Schraube r zu erreichende Einstellung nicht. Die feine Einstellung wird vielmehr durch Drehen des ganzen Apparates um die horizontal gelagerten Zapfen Z bewerkstelligt; die Empfindlichkeit des Apparates ist nämlich so hoch, dass die bei dieser Drehung auftretende geringe Aenderung des Druckes der beiden Kontaktstücke a und b gegen einander eine Aenderung der Wirkung hervorbringt.

Ein besonderer Anruf-Apparat ist nicht erforderlich. Um nämlich bequem sprechen und gleichzeitig hören zu können, ist, wie vorhin angegeben, in die Leitung der Fernsprecher T eingeschaltet, welcher, an's Ohr gehalten, zugleich den Zweck hat, während des Sprechens von der richtigen Wirkung des Gebers sich überzeugen zu können. Nimmt man den Schallbecher S (Figur 18) ab und stellt alsdann den Fernsprecher T mit seinem Mundstück auf die Membran M, so entsteht sowohl auf der gebenden, als auch auf der empfangenden Stelle ein eigener, durchdringender Ton, der grosse Aehnlichkeit mit dem Ton eines Nebelhornes hat, in einiger Entfernung vom Empfangs-Apparat gehört wird und so die Aufmerksamkeit erregt. Dieses dem „Universal-Telephon" ganz eigenthümliche Signal ist Lüdtge's zufällige Entdeckung. Erklären lässt sich dieser eigenartige Ton in folgender Weise:

Sobald man den Siemens'schen Fernsprecher auf die Membran M des Lüdtge'schen Gebers setzt, wird dieselbe durch die kleine Erschütterung in Folge des Aufsetzens in Schwingungen versetzt, und dadurch der Uebergangs-Widerstand der Kontaktstücke a und b, sowie die Intensität des Stromes geändert. In Folge dieser Aenderung der Stromstärke entstehen in dem Fernsprecher Schwingungen der Membran; letztere überträgt ihre

Schwingungen auf die umgebende Luft und dadurch auf die Membran M, welche mit ihren Kontaktstücken von Neuem in Schwingungen geräth; dadurch wird der Uebergangs-Widerstand und die Stromstärke abermals geändert, u. s. f. Durch die schnelle Wiederholung dieser Schwingungen wird die umgebende Luft in hörbare Schwingungen versetzt und der vorhin erwähnte Ton erzeugt.

Der Fernsprecher*) von Dr. Jacobson, Ohrenarzt in Berlin, ist ebenfalls ein Kohlen-Fernsprech-Geber von hoher Empfindlichkeit. Diese wird dadurch erreicht, dass die gestreckte Eisenblech-Membran durch eine trichterförmige Thierblase-Membran ersetzt worden ist; an der Spitze des Trichters ist ein Kohlenstückchen fest angekittet, gegen welches ein cylinderförmiger Kohlenstab mit dem einen Ende anliegt. Das andere Ende dieses Stabes ist mit einer Regulirfeder zu dem Zweck versehen, die Innigkeit des Kontaktes zwischen den beiden Kohlenstücken nach Erforderniss regeln zu können.

Betrieben wird dieser Apparat in derselben Weise wie die gewöhnlichen Kohlen-Fernsprecher; man kann jedoch auch das Induktorium fortlassen und die Batterie direkt in die Leitung schalten.

Einen von den bisher beschriebenen Apparaten ganz abweichenden Fernsprecher hat Bréguet in Paris konstruirt. Er bezeichnet denselben mit dem Namen Quecksilber-Telephon. Geber und Empfänger sind gleich. Jeder besteht aus einem Glasgefäss, in welchem sich über einer Quecksilberschicht eine Schicht angesäuerten Wassers befindet. In das Wasser taucht das dünne Ende einer kleinen, in eine offene Spitze ausgezogenen Kapillarröhre, welche zum Theil mit Quecksilber gefüllt ist. Der obere mit Luft angefüllte Theil dieser Röhre ist durch eine Membran abgeschlossen, welche durch Schallwellen in Schwingungen versetzt werden kann. Das Quecksilber in der Röhre des Empfängers und des Senders steht durch einen Draht in leitender Verbindung, ebenso das Quecksilber in den beiden Gefässen. Spricht man gegen die, die Röhre des Senders abschliessende Membran, so werden die Schwingungen durch die in der Röhre befindliche Luft auf das Quecksilber der Röhre übertragen und so bis zur Spitze des Kapillarröhrchens fortgepflanzt, woselbst das Quecksilber in der Röhre mit dem angesäuerten Wasser in Berührung steht. Die in Folge der Bewegung hier entstehenden elektrokapillaren Ströme gelangen zu dem Empfänger, in welchem dieselben sich wieder in gleichartige Luftschwingungen umsetzen. Lippmann hat diesen Fernsprecher in tragbarer Form ausgeführt. Er besteht aus einer, einige Centimeter langen Röhre, welche abwechselnd Tropfen von Quecksilber und angesäuertem Wasser enthält. An den Enden ist sie zugesiegelt; zwei Platindrähte stehen in leitender Verbindung je mit dem letzten Quecksilbertropfen. Eine Scheibe aus Föhrenholz ist in ihrer Mitte senkrecht zur Röhre an dieser befestigt; gegen diese Scheibe wird gesprochen, die des Empfängers aber wird an das Ohr gehalten.

---

*) Dieser Apparat befindet sich im Post- und Telegraphen-Museum in Berlin.

Die Fabrikanten Gebrüder Naglo in Berlin haben sich auch vielfach mit Verbesserungen der Fernsprecher beschäftigt. Dieselben haben jetzt einen solchen Apparat hergestellt, bei welchem im Wesentlichen die Einrichtung des Bell'schen Fernsprechers beibehalten ist. Der Stabmagnet ist aber aus mehreren einzelnen Stahllamellen zusammengesetzt, und ist das Ganze in Messingblech statt in Holz gefasst; diese Fassung ist mit verschiedenen Schallöffnungen versehen. Als Anrufvorrichtung dient, wie bei dem vorhin beschriebenen Siemens'schen Fernsprecher mit Hufeisenmagnet, eine Zungenpfeife, bei welcher aber die der Siemens'schen Signalvorrichtung eigenthümliche, unmittelbar auf der Membran ruhende Metallkugel mit Führungsstange fehlt. Die mit dem Naglo'schen Fernsprecher angestellten Versuche haben befriedigende Ergebnisse geliefert. Die Lautwirkung war zwar nicht ganz so wie bei den neuesten Siemens'schen Apparaten, aber doch besser, als bei vielen Fernsprechern anderer Konstruktion.

Ein von P. Suckow in Breslau hergestellter Fernsprecher*) beruht ebenfalls auf demselben Prinzip, wie der Bell'sche Fernsprecher. Suckow wendet jedoch statt des einen Magnetstabes deren mehrere, 12 bis 18 an, welche mit ihren Drahtspulen symmetrisch um ein Rohrstück angeordnet sind. Das eine Ende dieses Rohrs reicht bis dicht an die schwingende Eisenblechmembran, während das andere Ende mit einem Schlauch verbunden werden kann. Hält man das Ende dieses Schlauchs an das Ohr, dann nimmt man die Schwingungen der Membran deutlich wahr. Die einzelnen Drahtspulen sind länger und von geringerm Durchmesser als gewöhnlich und so hintereinander geschaltet, dass ein den Draht durchlaufender elektrischer Strom auf alle Magnetstäbe in gleichem Sinne einwirkt.

G. Bradburn Richmond in Ingham und A. Beamer in Lansing haben sich einen Fernsprech-Apparat patentiren lassen **), bei welchem der Geber und Empfänger verschiedenartig eingerichtet sind. Die Tonerzeugung erfolgt durch Batterieströme, deren Stärke durch Vermehrung bz. Verminderung des Uebergangswiderstandes zwischen zwei in Wasser tauchende Platindrähte geändert wird. Vergl. Gray S. 23. Einer dieser Platindrähte hat eine unveränderliche Stellung, während der andere an der schwingenden Membran befestigt ist und damit den Bewegungen der durch die Schallwellen in Schwingung versetzten Membran folgen muss; hierdurch wird die Entfernung der Platindrähte von einander geändert. Im Empfänger ist an einen Resonanzboden und unmittelbar über den Polen des von den ankommenden Batterieströmen durchflossenen Elektromagnets eine Eisenarmatur befestigt.

E. Holdinghausen in Hilchenbach wendet ebenfalls Batterieströme zur Uebermittelung gesprochener Worte nach entfernten Orten an ***). Die Aenderung der Stromstärke soll durch Aenderung des Widerstandes in dem Schliessungskreise einer Lokalbatterie in der Weise hervorgebracht werden, dass der Querschnitt und damit der Leitungswiderstand eines

---

*) D. R. P. No. 5009.
**) D. R. P. No. 7080.
***) D. R. P. No. 7349.

zwischen der Membran und einem feststehenden oben mit einer kleinen
Vertiefung versehenen Stifte angebrachten Tropfens einer leitenden Flüssigkeit durch die Membranschwingungen geändert wird.

Aehnliche Versuche in dieser Richtung sind schon früher von Yeates
(vergl. S. 11), von Edison (S. 25), Dolbear (S. 33), Richmond, Thomson
und Houston (S. 34) gemacht worden. Die von Holdinghausen angegebene
Einrichtung bezieht sich jedoch hauptsächlich auf den Empfangs-
Apparat und verdient deshalb Beachtung, und folgt demnach die Beschreibung desselben.

Die durch die Schallwellen in Schwingungen versetzte Membran des
gebenden Apparats ist in den durch die primäre Windung eines Ruhmkorff-
schen Induktions-Apparats geschlossenen Stromkreis einer Lokalbatterie
eingeschaltet. Die in der sekundären Windung des Induktions-Apparats
erzeugten Induktionsströme gelangen durch die Leitung nach der Em-
pfangsstation und werden hier entweder unmittelbar durch die Umwindungen des Elektromagnets einer Resonanzvorrichtung oder durch die
Elektromagnetrollen eines Relais geleitet. Letzteres setzt eine Membran
in Schwingungen, wodurch die Stärke eines Lokalstromes den die vorgenannten Induktionsströme erzeugenden Schallwellen entsprechend geändert wird. Dieser Lokalstrom dient wieder zur Erzeugung von Induktions-
strömen, welche dann die Membran des eigentlichen Empfangs-Apparats
in Bewegung setzen. — Die letztgenannte Anordnung entspricht einer
Uebertragungsvorrichtung, welche ebenso wie die auf Seite 52 erwähnte,
von Pensky angegebene Einrichtung für die Verwendung des Fernsprechers auf grosse Entfernungen von weittragendem Einflusse sein
würde, wenn sich das Prinzip auch praktisch brauchbar erwiese.

Von Rosebrugh in Toronto ist ein Fernsprech-Apparat hergestellt,
welcher folgende Einrichtung hat[*]). An der in gewöhnlicher Weise mit
einem Mundstück verbundenen Membran ist an der untern Seite mit
seinem Stiel ein pilzförmiger Stahlmagnet von etwa 3 cm Länge befestigt.
Der Stiel hat einen Durchmesser von etwa 6 mm, während die am freien
Ende befindliche Scheibe einen Durchmesser von etwa 12 mm hat. Unterhalb der Membran befindet sich ein Elektromagnet, durch dessen hohlen
Kern der Stiel des Stahlmagnets lose hindurch geht. Der Elektromagnet
wird an eine Platte befestigt, welche so angebracht ist, dass zwischen
derselben und der Membran ein von parallelen Endflächen begrenzter
Raum von etwa 6 mm Höhe verbleibt. Mit diesem Raume steht, mittels
einer in der Seitenwand angebrachten Oeffnung, ein elastisches Rohr in
Verbindung, welches am Ende mit einer Schallöffnung versehen ist. Dem
vorerwähnten, an der Membran befestigten kleinen Magnetstabe gegenüber
und in dessen Verlängerung ist ein grösserer Stabmagnet so angebracht,
dass die, die entgegengesetzte Polarität besitzenden Enden beider Stäbe
einander gegenüberstehen. Die Entfernung zwischen den Stabenden soll
nur so gross sein, dass eine unmittelbare Berührung derselben beim
Schwingen der Membran nicht stattfinden kann.

---

[*]) The Electr. 15/11. 79.

Einen Mikrophon-Sender, also einen nur zum Geben verwendbaren Apparat, hat Ch. Varey in Paris hergestellt[*]). Die Eigenthümlichkeit desselben besteht darin, dass das Mikrophon sich innerhalb eines ganz geschlossenen Raumes befindet, welcher als Resonanzkasten dient. Der zur Aufnahme des Apparats dienende, aus dünnen Holzbrettern hergestellte Kasten ist an einer Seitenfläche mit einer Schallöffnung versehen. Unterhalb derselben, also im Innern des Kastens, liegt eine, das Mikrophon von der äussern Luft scheidende Glimmerplatte. Die zum Betriebe erforderliche Batterie, sowie die unter Umständen benutzte Induktionsrolle sind in demselben Kasten untergebracht.

Crossley in Halifax hat die Wirkung eines beim Fernsprechbetrieb als Geber zu benutzenden Mikrophon's dadurch zu erhöhen versucht, dass er 4 Mikrophone gewöhnlicher Art mit einander vereinigte[**]). Zu dem Zwecke ordnet derselbe die einzelnen Kohlenstäbe so an, dass dieselben ein Quadrat bilden, dessen Ecken von 4 festliegenden Kohlenstücken eingenommen werden. Diese Anordnung, sowie die Verbindung des Apparats mit der Batterie bz. mit der primären Spirale eines Induktionsapparats

Figur 19.

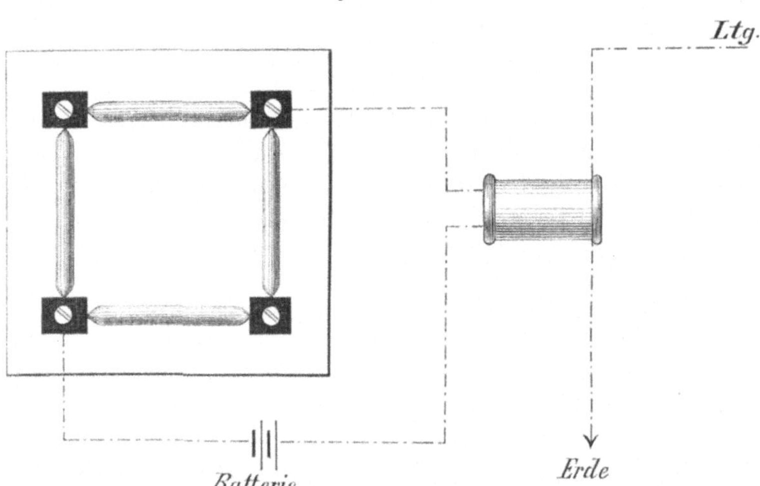

ist aus Figur 19 zu ersehen. Die mit diesem Apparat erzielten Erfolge sollen so befriedigend ausgefallen sein, dass der Apparat an mehreren Orten als Geber verwendet wird[***]).

Nach dem Telegraphic Journal No. 169 vom 15. Februar 1880 benutzt die Gower Telegraphen-Gesellschaft als Geber einen mikrophonischen Apparat, welcher auf demselben Prinzip beruht, wie der vorerwähnte Geber von Crossley. Die Anordnung der verwendeten 6 Kohlenstifte ist insofern eine andre, als sämmtliche Stifte mit einem Ende in ein und

---

[*]) D. R. P. No. 9261.
[**]) Telegr. Journ. No. 150 vom 1/5. 79.
[***]) Telegr. Journ. No. 168 vom 1/8. 80.

dasselbe Kohlenstück a, Figur 20, gelagert sind, während die andern Enden in besondern Kohlenstücken b, b Aufnahme finden. Je drei der letztgenannten Kohlenstücke werden auf ein gemeinschaftliches Metallstück

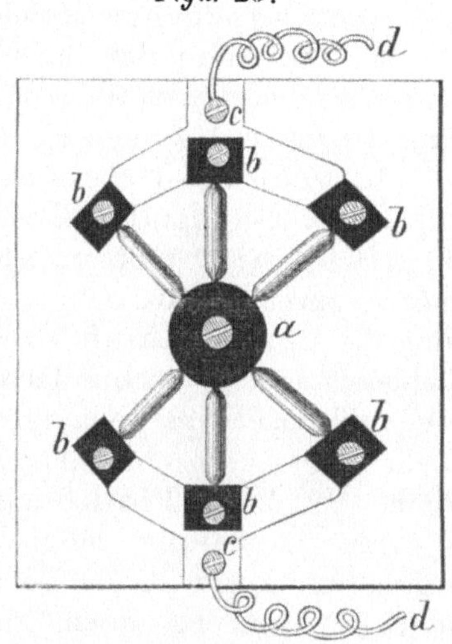

Figur 20.

befestigt; diese Metallstücke c, c stehen mit den beiden Zuführungsdrähten d, d in Verbindung. Das Ganze ist auf einer dünnen Holzplatte befestigt, welche durch die Schallwellen der zu übermittelnden Laute in Schwingungen versetzt wird.

J. Ockovowicz in Lemberg hat einen, von ihm mit dem Namen Mikro-Telephon bezeichneten Fernsprech-Apparat hergestellt[*]), dessen Konstruktion beruhte:

1. auf der Entstehung elektromagnetischer Induktionsströme,
2. auf den Wirkungen des Mikrophons,
3. auf der Erzeugung von Tönen in Folge des Durchgangs elektrischer Ströme durch den Kern eines Elektromagnets,
4. auf der Anwendung verdichteter Luft.

Dementsprechend ist der Apparat, welcher im Allgemeinen dem gewöhnlichen Bell'schen Fernsprecher gleich angeordnet ist, so eingerichtet, dass der beim Fernsprechen entstehende magnet-elektrische Induktionsstrom nicht nur die Drahtspule durchläuft, sondern auch durch den von der letztern umgebenen Magnetstab und durch die Membran geleitet wird. Letzterer wird der Strom zugeführt mit Hülfe zweier leichter Metallfedern, welche sich mit schwachem Drucke gegen die schwingende Platte legen. Platte und Federn wirken als Mikrophon. Ausserdem ist über der schwingenden Metallplatte eine zweite Membran aus Gummi etc. so angebracht, dass sich zwischen beiden Membranen eine abgeschlossene Luftschicht bildet. — Von den mit diesem Apparat erzielten Erfolgen ist bisher nichts bekannt geworden.

H. Müller in Breslau will bei einem von ihm hergestellten Apparat[**]) eine Verstärkung der zu erzeugenden Induktionsströme und eine grössere Wirkung der ankommenden Ströme in der Weise herbeiführen, dass dem Pole des permanenten Magnets gegenüber an der schwingenden Platte ein kleiner Elektromagnet angebracht ist, dessen Draht-Umwindungen mit der um den Pol des permanenten Magnets angebrachten Induktionsrolle derart verbunden sind, dass beim Durchgange eines entsprechend gerichteten Stromes durch beide Drahtrollen die Anziehungskraft zwischen dem permanenten Magnet und dem an der Membran befestigten Kern des Elektromagnets vergrössert wird.

---

[*]) Journ. of the telegr. No. 281 16/9. 79. The Electr. v. 23/8. 79. Telegr. Journ. No. 149 v. 15/4. 79.
[**]) D. R. P. No. 8144.

Auf Grund der von Ader in Paris beobachteten Thatsache, dass ein
Anker von geringen Abmessungen von den Polen eines Magnets kräftiger
angezogen wird, wenn oberhalb des Ankers eine verhältnissmässig grössere
Masse weichen Eisens angebracht wird, hat derselbe einen Fernsprecher
hergestellt[*]), bei welchem an dem über der Membran befindlichen Mundstück ein Ring von weichem Eisen befestigt ist. Die Weite der innern
Oeffnung dieses Ringes stimmt mit der Oeffnung des Mundstücks überein.

Während bei fast allen auf der Aenderung der Stärke des beim Fernsprechen benutzten elektrischen Stromes durch Aenderung des Drucks auf
ein in den Stromkreis eingeschaltetes Kohlenstück etc. beruhenden Fern-
sprech-Gebeapparaten, der im Ruhezustande erforderliche Druck mittels
verstellbarer Federn oder andrer elastischer Körper geregelt wird, benutzen
Paul Bert und D'Arsonval zur Druckregulirung die Anziehungskraft eines
Magneten auf ein mit dem beweglichen Kohlenstück fest verbundenes
Stück Eisen[**]). Der Magnet kann mittels einer Schraube dem genannten

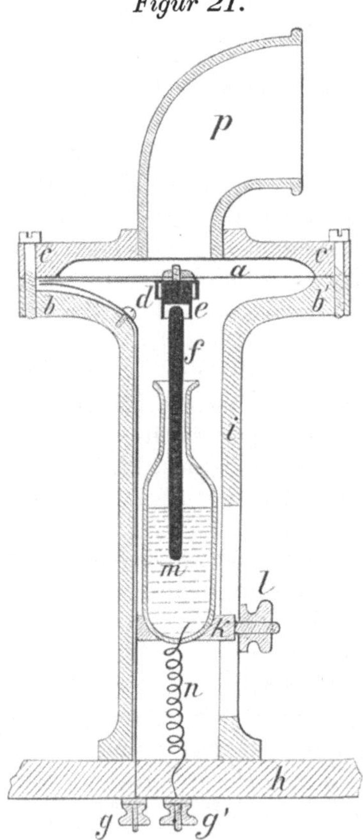

Figur 21.

Eisenstück beliebig genähert bz. davon
entfernt werden. Bei dieser Einrichtung
soll eine so genaue Einstellung möglich
sein, dass die Empfangs-Apparate die Töne
nicht nur sehr laut, sondern auch frei
von allem Nebengeräusch, welches bei
dergleichen Apparaten sonst immer wahrgenommen wird, wiedergeben.

Zur genauen Regulirung des Drucks
der bei einem Fernsprechgeber zur Aenderung der Stromstärken benutzten beiden
Kohlenstücke gegeneinander verwerthet
Geo. M. Hopkins den Auftrieb, welchen
Quecksilber auf einen darin mehr oder
weniger eingetauchten Kohlenstab ausübt.
Der von Hopkins angegebene Gebeapparat
hat folgende Einrichtung[***]).

Eine aus einem Glimmerblatt her-
gestellte Membran *a*, Figur 21, von etwa
4 cm Durchmesser ist auf der ringförmigen
Unterlage *b* in der gewöhnlichen Weise
mittels des Mundstücks *c* festgeklemmt.
Unterlage und Mundstück sollen aus einem
dem Zusammenziehen nicht unterworfenen
Material — gut mit Paraffin getränktes Holz,
Ebonit etc. eignen sich dazu — gefertigt sein.
Unterhalb und in der Mitte der Membran ist

---

*) Lum. électr. No. 11 II. Band 1880.
**) Th. Electr. No. 20 vom 7/4. 1880. — Lum. électr. No. 7 vom 1/4. 80. — Journ. of the
telegr. No. 299 vom 16/5. 80.
***) Scient. Amer. No. 19 vom 8/5. 80.

mit seinem Boden ein kleiner Messingbecher *d* befestigt, welcher einen von der Papierhülse *e* umgebenen Kohlencylinder aufnimmt. Der Kohlencylinder hat einen Durchmesser von 4—5 mm und ragt bei gleicher Länge etwas über den untern Rand des Messingbechers hinaus; die Papierhülse ist etwa 3 mm länger als der Kohlencylinder. Dieser steht in leitender Verbindung mit der Messingfassung, welche ihrerseits mittels eines dünnen und schmalen Kupferblechstreifens mit der am untern Theil des ganzen Apparats befindlichen Klemmschraube *g* verbunden ist. Der bisher beschriebene Theil des Apparats ruht auf dem, auf einem konsolartigen Untersatze *h* in lothrechter Stellung befestigten hohlen Cylinder *i* von etwa 10 cm Höhe und 15 mm innerer Weite. In diesem ist der bewegliche Ring *k* angebracht, welcher innerhalb gewisser Grenzen auf und nieder bewegt und in jeder beliebigen Stellung durch die Schraube *l* befestigt werden kann. Der genannte Ring dient zur Aufnahme der Flasche *m*, in deren Boden das eine Ende des spiralförmig gewickelten Platindrahtes *n* so eingeschmolzen ist, dass das Drahtende in das Innere der Flasche hineinreicht. Das andere Drahtende steht mit der Klemmschraube g^1 in Verbindung. Der untere Theil der Flasche wird mit Quecksilber gefüllt, auf welchem der durch den langen und engen Flaschenhals in senkrechter Stellung erhaltene Kohlenstift *f* schwimmt. Beide Enden des 6 cm langen und 3 mm starken Kohlenstifts sind abgerundet. Je nach der Höhenlage der Flasche wird der mit seinem obern Ende gegen die Unterfläche des mit der Membran verbundenen Kohlencylinders stossende Kohlenstift mehr oder weniger tief in das Quecksilber eintauchen, und in Folge dessen der Druck der beiden Kohlenstücke gegeneinander mehr oder weniger gross sein.

Die Klemmschrauben *g* und g_1 stehen durch die primäre Spirale einer Induktionsrolle mit einer Lokalbatterie' von 1 bis 2 Elementen in Verbindung. Die Enden der sekundären Spirale sind einerseits mit Erde, andrerseits durch den Empfangs-Apparat, zu welchem ein Fernsprecher gewöhnlicher Art verwendet wird, mit der Leitung verbunden. Nach den Angaben von Hopkins kann ein besonderer Anruf-Apparat entbehrlich gemacht werden, wenn man bei ruhender Korrespondenz den Empfangs-Apparat mit seinem obern Ende über eine in dem Untersatze angebrachte Oeffnung stellt, welche nach unten hin mit einem geeignet geformten Schallrohr in Verbindung steht.

Das Mundstück des Gebers ist, mit Rücksicht auf die horizontale Lage der Membran, mit dem rechtwinkelig umgebogenen Schallrohr *p* versehen.

Zur Aenderung der Stromstärke in einem zum Fernsprechbetrieb benutzten Stromkreise ist von B. Pensky in Berlin vorgeschlagen*), die verschiedenen Winkelbewegungen zu benutzen, welche senkrecht auf einer Membran befestigte Stäbe beim Schwingen dieser Membran ausführen. Die gegenseitige Stellung zweier auf verschiedenen Flächen-Elementen befestigter Stäbe ändert sich beim Schwingen einer Membran, je nach der Weite der

---

*) D. R. P. No. 7044.

Schwingungen. Pensky befestigt nun an die Enden zweier in senkrechter Stellung auf der schwingenden Platte eines Fernsprech-Apparats befestigter Metallfedern Kohlenstücke, welche im Ruhezustande mit einer gewissen Kraft gegen einander gedrückt werden. Die Kohlenstücke bilden einen Theil des zum Fernsprechen benutzten Stromkreises. Wird gegen die Platte gesprochen, dann ändert sich in Folge der verschiedenen Winkelbewegung der betreffenden Platten-Elemente bz. der darauf befestigten Federn der Druck der Kohlenstücke gegen einander; damit wird der Leitungswiderstand an der Berührungsfläche bz. die Stromstärke der in die Leitung eingeschalteten Batterie geändert. Würde das angegebene Prinzip sich in der Anwendung bewähren, dann würden mit Hülfe eines solchen Apparats sich sehr wohl brauchbare Uebertragungsstationen für den Fernsprechbetrieb einrichten lassen, und wäre damit die Entfernung zweier mittels Fernsprech-Apparate in Korrespondenz zu setzender Orte nur von der Anzahl der einzurichtenden Uebertragungsstationen abhängig. Von einer erfolgreichen Anwendung der Pensky'schen Apparate ist aber leider bis jetzt nichts bekannt geworden. Vergl. den Apparat von Holdinghausen S. 47.

Von der in Amerika bestehenden Bells Telephone Company und der International Bell Telephone Company wird als Geber ein von Fr. Blake in Preston, Massasch, angegebener Apparat[*]), Blake transmitter genannt, verwendet, welcher sehr gute Ergebnisse liefert. Bei demselben sind zwei Kohlenstücke verwendet, von denen das eine unmittelbar an der Membran angebracht werden kann, obgleich vorgezogen wird, dasselbe an eine Feder zu befestigen, welche das feste Anliegen dieses Kohlenstücks an die Membran sichert. Das zweite Kohlenstück ist in einem verhältnissmässig schweren Metallstück, welches sich am Ende einer regulirbaren Feder befindet, befestigt. In Folge der Trägheit des genannten Metallstücks setzt die darin befestigte Kohle den leichten und schnellen Schwingungen der Membran einen gewissen Widerstand entgegen, und wird dadurch der Druck der beiden Kohlenstücke gegeneinander und somit auch der Widerstand im Stromkreise den auf die Membran wirkenden Schallwellen entsprechend geändert. In Stelle des gegen die Membran anliegenden Kohlenstücks wird auch ein Platinknopf mit gerundeter Oberfläche verwendet. — Zur Beseitigung des bei ähnlich konstruirten Apparaten auftretenden metallischen Klanges der übermittelten Töne wird nicht nur die Membran auf einen ringförmigen Gummistreifen gelagert, sondern es ist auch noch eine an dem Gehäuse befestigte Feder angebracht, deren freies mit einem Gummiknopf versehenes Ende mit schwachem Drucke gegen die innere Seite der Membran, $1^{1}/_{2}$ — 2 cm vom Mittelpunkt der letzteren entfernt, anliegt. Die beiden Kontaktstücke stehen durch die primäre Spirale einer Induktionsrolle mit den Polen einer kleinen Lokalbatterie in Verbindung. Die sekundäre Spirale der Induktionsrolle ist mit der Leitung bz. mit Erde verbunden. Als Empfänger wird der Bell'sche Fernsprecher verwendet. Als Anruf-Apparat benutzt die obengenannte Gesellschaft noch eine besondere elektrische Klingel, welche durch elektrische Ströme, die

---

[*]) Telegr. Journ. Nr. 160 vom 1/10 79. Scient. Amer. No. 18 vom 1/11. 79.

ihrerseits beim Drehen einer Kurbel entstehen, in Thätigkeit gesetzt wird.

Das von Blake bei Herstellung des vorbeschriebenen Gebers angewendete Prinzip: die beiden in Berührung stehenden Kohlenstücke etc. — durch welche bei verschieden darauf wirkendem Druck die Stärke eines hindurchgeführten elektrischen Stromes geändert wird —, so anzuordnen, dass dieselben den Schwingungen der Membran folgen können, liegt sowohl dem schon früher bekannt gewordenen, S. 42 erwähnten Apparat des Professor Rhigi, als dem im Jahre 1878 von Dr. Lüdtge hergestellten Apparat — S. 43 — zu Grunde.

Die Herstellung eines Fernsprechers mit einer Vorrichtung zur Erzeugung eines als Anruf verwendbaren laut tönenden Signals — ohne Anwendung einer galvanischen Batterie — ist von mehreren Seiten in der Art versucht worden, dass auch der zweite Pol des zum Fernsprech-Apparat benutzten Stabmagnets mit einer Induktionsspirale umgeben wurde. Vor diesem Pole ist entweder eine hell tönende Glocke angebracht, durch deren Schwingungen kräftigere Induktionsströme erzeugt werden, oder es wird vor dem Pole ein drehbarer Anker mittels einer Kurbelvorrichtung mit grosser Geschwindigkeit vorübergeführt. Die hierbei erzeugten Induktionsströme werden bei geeigneter Stellung eines Umschalters durch die Leitung dem Fernsprecher bei der Empfangsstelle zugeführt und erzeugen hier ein weit hörbares knatterndes Geräusch. — Andrerseits ist die Einrichtung so getroffen, dass zur Erzeugung kräftiger Induktionsströme vor dem freien Pole des Stabmagnets ein mit Drahtspulen versehener hufeisenförmig gebogener Eisenstab in rascher Bewegung vorübergeführt wird.

Ein mit der letztgenannten Einrichtung versehener Fernsprecher ist von Dumontier angegeben worden*). Der zum eigentlichen Fernsprechen benutzte Theil dieses Apparats hat ausserdem in sofern eine andere als die gewöhnliche Anordnung erhalten, als um die, den betreffenden Magnetpol umgebende Drahtspule eine aus weichem Eisendraht hergestellte Spirale angebracht ist, deren oberste Windung in der Höhe der Oberkante der Drahtspule liegt. Das andere Ende des zu der erwähnten Spirale benutzten Eisendrahts ist mit dem zur Anrufsvorrichtung benutzten Pol des Magnets verbunden. Die schwingende Membran befindet sich demnach in der Wirkungssphäre beider Magnetpole.

Von Dr. A. v. Wurstemberger in Stuttgart ist die Konstruktion einer Anrufsvorrichtung angegeben**), durch welche mittels eines mit Selbstunterbrecher versehenen Induktions-Apparats in einem gewöhnlichen Fernsprecher sehr laute Töne hervorgebracht werden. Bei jeder Station ist die primäre Rolle des Induktions-Apparats mit einer Lokalbatterie und einer gewöhnlichen Morsetaste oder einer anderen ähnlichen Vorrichtung

---

*) D. R. P. No. 9457: The Electr. Bd. IV. No. 13.
**) Dingler Heft 4. 1880.

derart verbunden, dass beim Niederdrücken der Taste der Stromkreis geschlossen, und gleichzeitig die sekundäre Umwindung einerseits mit Erde, andrerseits mit der Leitung verbunden wird. Bei ruhender Taste ist, wie aus Figur 22 ersichtlich, die Leitung durch den Fernsprech-Apparat F unmittelbar mit Erde verbunden. Es findet nämlich der in

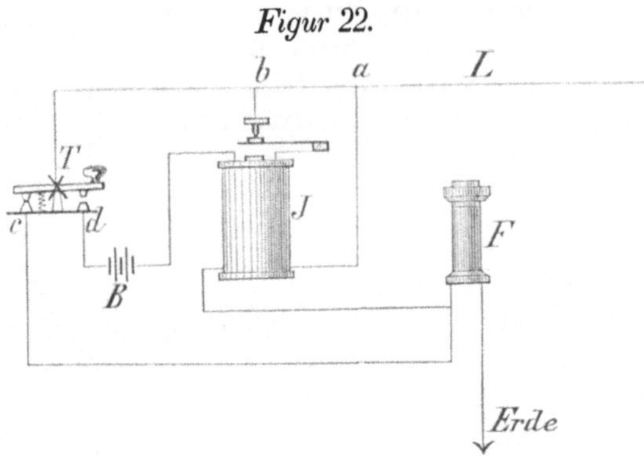

der Leitung L ankommende Strom durch den Verbindungsdraht $a\ b$ und durch die Taste 1 über den Ruhekontakt c einen kürzern Weg zum Fernsprecher und zur Erde, als durch die sekundäre Spirale des Induktions-Apparats J. Wird die Taste zum Zwecke des Anrufs auf den Arbeitskontakt d niedergedrückt, dann wird die Lokalbatterie B durch die primäre Induktionsrolle, welche mit dem Selbstunterbrecher in Verbindung steht, geschlossen. Die erzeugten Induktionsströme gelangen durch die Leitung zu den Apparaten der gerufenen Stelle; gleichzeitig setzen dieselben auch den eigenen Fernsprecher in Thätigkeit.

In neuerer Zeit hat Ader eine Vorrichtung angegeben, welche den Zweck hat, einen mit einem Fernsprech-Apparat gegebenen Anruf für das Auge sichtbar zu machen. Das gegebene Zeichen bleibt so lange sichtbar, bis dasselbe von der Person, für welche es bestimmt ist, wieder beseitigt wird[*]). Der Apparat, welcher auch durch schwache Magnet-Induktionsströme, wie solche durch einen Fernsprecher gewöhnlicher Konstruktion erzeugt werden, in Thätigkeit kommt, hat folgende Einrichtung. — In einer durch Fernsprechströme in Schwingungen versetzte Membran oder Lamelle befindet sich eine längliche Oeffnung. In diese greift das hakenförmig gebogene Ende einer Klinke ein, deren Drehpunkt sich an dem einen Ende eines doppelarmigen Hebels befindet. Das andere Ende dieses Hebels ist mit einer weissen Scheibe versehen, welche im Ruhezustande eine, in dem, den ganzen Apparat einschliessenden Gehäuse angebrachte Oeffnung bedeckt. Wird die Membran durch elektrische Stromwellen, welche durch einen dem gebenden Apparat zugeführten langgezogenen Ton erzeugt werden, in Schwingungen versetzt, dann tritt der für diesen Zweck besonders geformte Haken der Klinke nach und nach aus der in der Membran befindlichen Oeffnung heraus, bis derselbe ganz frei wird. In Folge des Uebergewichts des mit der weissen Scheibe versehenen Armes des genannten zweiarmigen Hebels wird dann die Scheibe von der durch dieselbe bedeckten Oeffnung hinweggezogen. Ist das Anrufzeichen bemerkt worden, dann wird der Scheibe wieder die ursprüngliche Stellung

---

[*]) D. R. P. No. 9727.

gegeben. Man kann die einzelnen Theile auch so anordnen, dass die im Ruhezustande nicht sichtbare Scheibe in Folge des Anrufsignals durch die im Gehäuse befindliche Oeffnung sichtbar wird.

Während bei den Fernsprech-Apparaten gewöhnlicher Einrichtung die Membran des Empfangs-Apparates unmittelbar durch die wechselnde Anziehung eines vor der Mitte derselben angebrachten, von den ankommenden elektrischen Strömen beeinflussten Magnets in Bewegung und dadurch zum Tönen gebracht wird, erreicht Professor A. E. Dolbear dieselbe Wirkung an einem von ihm Rataphon genannten Apparat durch mittelbare Benutzung der magnetischen Anziehungskraft. Dolbear fand nämlich, dass die Reibung zwischen einem in drehende Bewegung gesetzten Magneten und der darauf liegenden Armatur der Anziehungskraft des Magneten proportional sei. Da diese Kraft von der Stärke eines um den Magnetstab geleiteten elektrischen Stromes abhängig ist, so ergiebt sich, dass die Grösse der genannten Reibung diesen Stromstärken entsprechend sich ändern muss. Ein hierauf gegründeter Apparat hat folgende Einrichtung[*]):

Ein Magnetstab ist so mit einer Kurbelvorrichtung verbunden, dass derselbe innerhalb einer Drahtrolle um seine Längsachse sehr schnell gedreht werden kann. Auf den Magnetpolen ruhen die Enden eines entsprechend gebogenen Ankers, welcher mit einer dem Magnetstabe parallel liegenden Membran aus Glimmer, dünnem Eisenblech etc. verbunden ist. Die einzelnen Theile sind so gegen einander angeordnet, dass bei ruhender Korrespondenz — wenn also kein Strom durch die Drahtumwindungen geht — die Platte durch den Anker mässig gespannt wird, sobald der Magnetstab gedreht wird. Durchlaufen dagegen Ströme wechselnder Stärke die um den Magnetstab liegenden Drahtwindungen, dann wird in Folge des eintretenden Wechsels in der Stärke der magnetischen Anziehung zwischen Magnet und Anker die Membran in Schwingungen versetzt, welche den Stromstärken entsprechen. Ein solcher Apparat soll die in einen Fernsprech-Gebeapparat hinein gesprochenen Worte wiedergegeben haben.

Wie auf Seite 30 erwähnt, hat Edison einen Apparat angegeben, bei welchem ebenfalls die Veränderung der Reibung zweier Körper gegeneinander durch den Einfluss elektrischer Ströme zur Tonerzeugung verwendet wird. Edison benutzt aber die Veränderung der Reibung zwischen zwei im Stromkreise liegenden Körpern, während Dolbear, wie vorangegeben, die Reibung zwischen einem, unter dem Einflusse elektrischer Ströme stehenden Magnetstab und seiner Armatur verwendet.

Eine besondere, von Ader beobachtete Erscheinung dürfte noch der Erwähnung werth sein[**]). (Vergl. auch den Versuch von Guillemin S. 3.) Wird um einen geraden Eisendraht, welcher mit einem Ende in ein Brett befestigt ist, eine Drahtspirale herumgeführt, so vernimmt man Töne,

---

[*]) The Electr. Vol. III. pag. 182.
[**]) Telegr. Journ. No. 143 v. 1/4. 79.

wenn durch die Spirale elektrische Ströme von wechselnder Stärke hindurch geführt werden. Ader führt diese Erscheinung auf Molekularschwingungen des Eisendrahtes, welche in demselben durch die verschiedenartige Magnetisirung erzeugt werden, zurück. Die Wirkung soll noch erhöht werden, wenn beide Enden des Eisendrahts in zwei von einander getrennte, verhältnissmässig grosse, nicht magnetische Metallstücke, Blei, Kupfer, Messing, eingefügt werden. Die ganze Vorrichtung ist von einem Holzcylinder umgeben. Die den Eisendraht umgebende Drahtspirale steht mit der Elektrizitätsquelle, z. B. mit den zu einem Fernsprechgeber gehörenden Leitungsdrähten in Verbindung. Legt man die an einem Ende des Holzcylinders angebrachte, muschelförmig ausgehöhlte Holzscheibe an das Ohr, so soll man die durch den elektrischen Strom erzeugten Tonschwingungen wahrnehmen können.

Dies sind im grossen Ganzen die hauptsächlichsten bisher bekannt gewordenen Fernsprech-Apparate, welche in Betreff der Konstruktion bz. des Erfolges Beachtung verdienen.

Von diesen Apparaten sind nach Mittheilungen in amerikanischen Zeitschriften die Fernsprecher von Bell, Blake, Gray, Phelps und Dolbear und theilweise auch von Edison in Amerika in vielfachem, privatem Gebrauch. Namentlich hat die Gold and Stock Telegraph Company in New-York sich um die Einführung des Fernsprechbetriebes in die Industrie und den Privatgebrauch verdient gemacht; dieselbe hat vor längerer Zeit mit der Western Union Telegraph-Company in New-York einen Vertrag abgeschlossen, um die Fernsprecher auf den Distrikt-Telegraphen, sowie auf anderen kurzen Linien zu verwenden.

Besonders hervorgehoben zu werden verdienen die in den meisten grössern Städten Nordamerikas und in neuester Zeit auch in mehreren Städten Englands und in Paris getroffenen Einrichtungen, welche es den sich daran Betheiligenden ermöglichen, mittels des Fernsprechers mit einander in unmittelbaren Fernsprechverkehr zu treten. Zu diesem Zwecke werden die von den Wohnungen, Geschäftshäusern, Fabriken etc. der Theilnehmer ausgehenden Drähte nach einer Centralstelle — Telephone Exchange — geführt, woselbst sie mit Weck-Apparaten in Verbindung stehen. Wünscht einer der Theilnehmer mit einem andern zu sprechen, so benachrichtigt er hiervon die Centralstelle, welche ihrerseits den gewünschten Korrespondenten von dem Verlangen in Kenntniss setzt und dann die beiden Leitungsdrähte unmittelbar mit einander verbindet. Auf das bei Beendigung der Unterhaltung der Centralstelle gegebene Zeichen wird bei dieser jeder einzelne Draht wieder mit dem zugehörigen Wecker verbunden. Diese Einrichtungen werden den erhaltenen Nachrichten zufolge sehr häufig benutzt; in einigen Städten Nordamerikas sollen bei den Centralstellen — in grossen Städten sind deren mehrere, mit einander verbundene, vorhanden — bis zu 6000 Verbindungen täglich ausgeführt werden. Während in den vorangeführten Ländern die genannten Fernsprechvermittelungsanlagen — Telephone Exchanges — von Privatgesellschaften ins Werk gesetzt worden sind, hat in Deutschland die Reichs-Post- und Telegraphen-Verwaltung diese Art der Verwendung des Fernsprechers selbst in die Hand genommen. Bis jetzt sind nur bezüglich der Städte Berlin und Mülhausen i. Els. die Vorarbeiten zur Herstellung von Fernsprechverbindungen angeordnet worden; es liegt jedoch die Absicht vor, auch in anderen grösseren Orten des Reichs-Postgebiets gleichartige Einrichtungen zu schaffen, sobald für dieselben in jedem einzelnen Falle das Bedürfniss nachgewiesen sein wird.

Zur Einführung des Fernsprechers in die praktische Telegraphie, zur Benutzung für den allgemeinen Verkehr hat übrigens die Deutsche Post- und Telegraphen-Verwaltung wohl den ersten Anlass gegeben, da sie, wie Seite 19 bereits erwähnt, nach Erprobung der Apparate die Anlage von Fernsprech-Aemtern für den Verkehr kleinerer Orte sofort anordnete. Die weitere Einführung dieses Verkehrsmittels in den Telegraphendienst ist durch die Verwendung des Siemens'schen Fernsprechers sehr erleichtert worden. Das Deutsche Telegraphennetz enthält gegenwärtig bereits 887 Fernsprech-Aemter, die Vermittelungs-Aemter nicht mitgerechnet.

Ausser diesen mehr oder weniger dem öffentlichen Verkehre dienenden Verwendungen des Fernsprechers ist derselbe auch namentlich in Nordamerika vielfach zum Verkehr innerhalb grösserer Gebäude-Anlagen zu mündlichen Mittheilungen benutzt worden. So hat man z. B. in einem grössern Siechenhause Fernsprechverbindungen zwischen der Kanzel der Anstaltskirche und den Krankensälen hergestellt. Hierdurch wurde es möglich, dass auch die bettlägerig Kranken dem Gottesdienst folgen und die Predigt hören konnten. In einem andern Krankenhause sind, um die Uebertragung ansteckender Krankheiten von einem Raume zum andern möglichst zu verhüten, zwischen dem Zimmer des Direktors der Anstalt und den Zimmern, in welchen die mit ansteckenden Krankheiten behafteten Personen untergebracht waren, Fernsprechverbindungen hergestellt worden; mit Hülfe dieser Einrichtung können die Aufsicht führenden Beamten, ohne die betreffenden Zimmer betreten zu müssen, jederzeit Nachrichten über die Vorgänge in den Krankenzimmern erhalten.

Neben der Verwendung des Fernsprechers als Verkehrsmittel bei der Nachrichtenübermittelung ist dieser wunderbare Apparat, in Folge seiner grossen Empfindlichkeit selbst für die schwächsten elektrischen Ströme, vielfach für andre Zwecke nutzbar gemacht worden. Einige dieser Verwendungen sind nachstehend aufgeführt.

M. Hospitalier benutzt z. B. einen Fernsprecher beim Messen von Widerständen mittels der Wheatstone'schen Brücke, indem er diesen Apparat an Stelle des sonst*) gebräuchlichen Galvanometers einschaltet. Bei dieser Messungsmethode sollen sehr genaue Ergebnisse erlangt worden sein. Selbstverständlich müssen bei Ausführung der Messung intermittirende Ströme angewendet werden, weil bei dauerndem Stromdurchgange in dem Apparat keine Töne entstehen können.

---

*) Scient. Amer. Bd. XLI. No. 24.

In derselben Weise und zu gleichem Zwecke benutzt F. Niemöller den Fernsprech-Apparat[*]). M. Carlo Resio hat eine Vorrichtung angegeben[**]), mittels deren die bei Wellen in Folge der Arbeitsleistung etc. eintretende Torsion unter Zuhülfenahme eines Fernsprech-Apparats bestimmt werden kann. Die Anordnung bei dieser bemerkenswerthen Verwendung des Fernsprechers ist kurz Folgende. An der, der Prüfung zu unterwerfenden Welle werden in bestimmter Entfernung von einander bz. an den Enden der Welle zwei Systeme von kleinen Eisenkernen angebracht, welche die Armatur zweier feststehender Elektromagnete bilden. Beim Drehen der Welle werden diese strahlenförmig und in gleichem Abstande von einander angeordneten Eisenkerne nach einander vor den Polen der Elektromagnete vorübergeführt; es entstehen mithin in den Elektromagnetrollen während der Wellenbewegung Induktionsströme. Die Stellung der Eisenkerne, sowie die Verbindung der Drahtwindungen beider Elektromagnete mit einem Fernsprech-Apparat ist nun so gewählt, dass die bei der Wellenbewegung in beiden Theilen des Apparates entstehenden Induktionsströme entgegengesetzte Richtung haben, sich mithin aufheben und keine Wirkung auf den Fernsprecher ausüben, sofern die Welle keine Torsion erleidet. Sobald jedoch die geringste Torsion eintritt, findet dieses gleichzeitige Entstehen entgegengesetzt gerichteter Ströme nicht mehr statt; es entsteht durch die wechselnden Stromimpulse im Fernsprecher ein Ton, dessen Deutlichkeit von der Zahl der an der Peripherie der Welle angebrachten Eisenkerne und der Umdrehungsgeschwindigkeit, dessen Stärke dagegen von der Grösse der eingetretenen Verschiebung der Armaturen, also von der stattfindenden Torsion abhängig ist.

Ferner ist der Fernsprecher von D. E. Hughes zur Messung der Stärke von Tönen in der Weise benutzt worden[***]), dass er einen Fernsprecher mit einer Induktionsrolle verbindet, welche auf einem Stab verschiebbar zwischen zwei feststehenden Drahtrollen angeordnet ist. Eine der letztgenannten Rollen besteht aus einem 6 m langen Draht, während zur Herstellung der zweiten, feststehenden, ebenso wie zu der verschiebbaren Rolle je 100 m Draht verwendet worden sind. Der Stab, auf welchem die verschiebbare Rolle sitzt, ist mit einer Eintheilung derart versehen, dass aus der Stellung der Rolle die Stärke der zu vergleichenden Töne unmittelbar abgelesen werden kann. Die Schallwellen dieser Töne wirken auf ein Mikrophon, und werden die darin durch die Schallwellen erzeugten elektrischen Ströme durch die eine oder die andre der beiden als primäre Umwindungen eines Induktions-Apparats dienenden feststehenden Drahtrollen geleitet. Die in der verschiebbaren Rolle entstehenden Induktionsströme sind bei gleicher Entfernung von den induzirenden Rollen in Betreff ihrer Stärke proportional dem primären Strom und somit den Tonstärken. Die ganze Vorrichtung, welche Hughes mit dem Namen Audiometer bezeichnet, verwendet derselbe auch zur Einstellung von Fernsprech-Apparaten auf die grösstmöglichste Lautwirkung.

<hr>

[*]) Wiedemann Bd. VIII. No. 12.
[**]) The Electr. No. 20 3/4. 80.
[***]) Telegr. Journ. No. 154.

Kapitain Evoy glaubt mit Hülfe von Fernsprech-Apparaten jederzeit den guten Zustand versenkter Torpedos feststellen zu können[*]. Zu dem Zwecke will er in jedem Torpedo einen mit den elektrischen Zuleitungsdrähten verbundenen Fernsprech-Apparat so anbringen, dass die nach oben gerichtete Membran möglichst wagerecht liegt. Auf letztere werden kleine schwere Körper, welche sich frei bewegen können, gelegt. Bei stattfindender Bewegung des Torpedos werden diese Körperchen hin und her laufen, und dadurch die Membran in Schwingungen versetzen, welche Schwingungen in einem am Lande befindlichen, in die Torpedoleitung eingeschalteten Fernsprecher Töne erzeugen. Hat eine Beschädigung des Torpedos stattgefunden, so wird durch die Bewegung der auf der Membran befindlichen Körperchen ein Wechsel in der Stromstärke nicht mehr eintreten, und deshalb in dem Beobachtungsfernsprecher kein Ton mehr gehört werden.

Eine besondere Anwendung dürfte der Fernsprech-Apparat wegen seiner grossen Empfindlichkeit möglicherweise noch zur Feststellung der Natur solcher elektrischer Ströme finden, welche bei Entladungen atmosphärischer Elektrizität im Erdboden auftreten. M. Hopkins in Brooklyn[**] hat nämlich in einem mit Gas- oder Wasserleitungsröhren in Verbindung gesetzten Bell'schen Fernsprecher während eines Gewitters bei jeder Entladung ein scharfes Knacken bz. eine Reihenfolge kleinerer Schläge beobachtet. Diese Lautwirkungen traten auch dann auf, wenn das Gewitter vom Beobachtungsorte so weit entfernt war, dass der Donner nicht mehr gehört werden konnte. Der Ton im Fernsprecher schien dem Ohr wahrnehmbar zu sein, bevor der entsprechende Blitzstrahl gesehen wurde. Bemerkenswerth ist auch der Umstand, dass Entladungen, welche dem Auge als einfache erschienen, im Fernsprecher sich als mehrfache, rasch auf einander folgende erwiesen.

Von Dr. H. Aron zu Charlottenburg ist ein Apparat angegeben, welcher unter Hülfe eines Fernsprechers zur Feststellung der Lage eines

Figur 23.

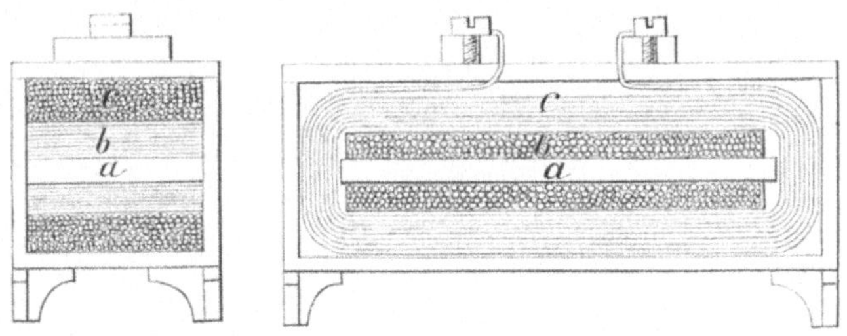

in einem Kabel vorhandenen Fehlers benutzt werden kann[***]. Dieser Apparat, von dem Erfinder Kabelsonde genannt, besteht aus einer

*) Carl No. 1.
**) Scient. Amer. Bd. XLI. No. 3.
***) D. R. P. No. 5155.

Multiplikatorrolle. Der hierzu verwendete isolirte Draht ist über einen länglich geformten Holzkern gewickelt, welcher auf beiden Seiten der Quere nach mit kurzen Enden geglühten Eisendrahts belegt ist. Das Ganze ist mit einem Holzkasten umgeben, welcher oben zwei Drahtklemmen trägt, an denen die Enden der Multiplikatorrolle befestigt sind, und die gleichzeitig zur Aufnahme der nach dem zu benutzendem Fernsprecher führenden Drähte dienen. Der Kasten ist mit Füssen versehen, welche ein bequemes Aufsetzen desselben auf ein Kabel gestatten. In Figur 23 ist dieser Apparat dargestellt.

Wird die Kabelsonde, nachdem die Umwindungen derselben unter Einschaltung eines Fernsprechers — um gleichzeitig mit beiden Ohren hören zu können, werden auch zwei Fernsprecher hintereinander eingeschaltet — verbunden sind, an irgend einer Stelle so auf ein Kabel gesetzt, dass die Drahtwindungen der Kabelsonde den im Kabel befindlichen Leitungsdrähten parallel laufen, so werden die in einem der letztern zirkulirenden elektrischen Ströme in der Kabelsonde Induktionsströme erzeugen, welche durch den Fernsprecher beobachtet werden können. Je näher die primären Ströme bei den Drahtwindungen der Kabelsonde vorbeigehen, desto kräftiger sind die induzirten Ströme, und desto lauter werden die im Fernsprecher vernommenen Töne sein. Die Anwendung des Apparats ist wie folgt gedacht:

Im Falle es sich darum handelt, von zwei in demselben Graben verlegten Kabeln auf irgend einem ausserhalb der Telegraphen - Aemter

Figur 24.

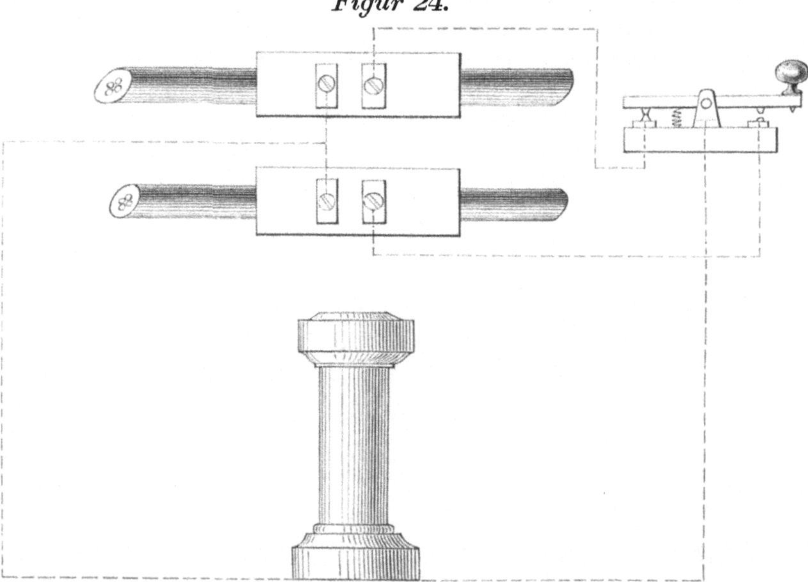

belegenen Punkte ohne Beseitigung der Schutzdrähte und ohne Durchschneiden der Kabeladern dasjenige Kabel zu erkennen, in welchem eine bestimmte Leitung sich befindet, setzt man auf jedes der beiden vorher freigelegten Kabel eine Sonde und verbindet beide nach Figur 24 mit einem bz. zwei Fernsprech-Apparaten und einer gewöhnlichen Morsetaste. Diese Anordnung hat den Zweck, die beiden Sonden in schneller Aufeinanderfolge abwechselnd mit dem Fernsprecher zu verbinden; in diesem Falle werden auch die geringsten Unterschiede in der Lautwirkung wahrgenommen. Während der Untersuchung wird ein intermittirender Strom durch einen der Leitungsdrähte geschickt. Diejenige der beiden Sonden, welche im Fernsprech-Apparat den stärksten Ton erzeugt, befindet sich auf dem Kabel, durch welches die intermittirenden Ströme fliessen.

Ferner kann mit Hülfe der Kabelsonde der Ort eines, in einem der Leitungsdrähte eines Kabels vorhandenen Fehlers ermittelt werden, ohne vorher das Kabel seiner schützenden Hülle entkleiden zu müssen, vorausgesetzt, dass der Fehler nicht zu unbedeutend ist. Zu diesem Zwecke muss derjenige Theil des Kabels, in welchem nach den von den betreffenden Telegraphen-Aemtern aus angestellten Messungen der Fehler sich befinden muss, frei gelegt werden. Die beiden in der oben angegebenen Weise mit einander verbundenen Sonden werden nun möglichst weit von einander auf das Kabel gesetzt. Die von dem nächsten Telegraphen-Amte aus in die, z. B. mit einem Nebenschluss behaftete Leitungsader geschickten intermittirenden Ströme werden in dem Fernsprecher bei Einschaltung derjenigen Sonde, welche von der Stromquelle aus vor dem Fehlerorte liegt, sich durch lautere Töne bemerkbar machen, als bei Einschaltung der hinter der Fehlerstelle auf dem Kabel sitzenden Sonde. Durch Verschieben und Näherrücken der beiden Sonden lässt sich der Fehlerort in sehr enge Grenzen einschränken.

Im Journal » Electricité «[*]) ist ein auf dem Prinzip des Bell'schen Fernsprechers beruhender, sehr einfacher Apparat »Explorateur de fil« angegeben, mittels dessen man Telegraphenleitungen in Bezug auf das Vorhandensein sehr schwacher, durch andre Hülfsmittel nicht nachweisbarer Ströme untersuchen kann. Dieser Leitungsuntersucher besteht 1. aus einem hufeisenförmigen Stahlmagnet, derselbe kann aus Stahldraht hergestellt werden, und 2. aus einem hölzernen Schalltrichter, welcher ähnlich wie die Mundstücke der Fernsprech-Apparate mit einer dünnen Membran aus Eisenblech versehen ist. Den zu untersuchenden Draht bringt man zwischen die Pole des Hufeisenmagnets und dreht diesen so, dass sich dieselben an den Draht anlegen. Wird nun die Membran den Polen des Magnets möglichst genähert, so können durch den Schalltrichter auch die schwächsten Induktionsströme wahrgenommen werden. Der eine Magnetpol kann dabei gegen den Rand der Membran anliegen.

---

[*]) No. 11 Serie II.